OFFSHORE WIND POWER
ACCIDENT ANALYSIS
& RISK-PREVENTION

海上风电事故分析及风险防范

陈伟球　颜云　杜尊峰　主编

中国电力出版社
CHINA ELECTRIC POWER PRESS

内 容 提 要

本书系统阐述了海上风电产业的发展脉络，总结海上风电场建设与运维的内容与技术，综合运用定性、定量的风险评估方法对海上风电场建设与运维风险进行分析，结合事故案例有针对性地提出海上风电场风险防范措施。全书共分 6 章，分别为概述、海上风电工程风险与保险、海上风电场建设过程及风险、海上风电场运维内容及风险、海上风电事故案例分析、海上风电风险系统防范与控制。

本书供我国海上风电领域科技人员和高等学校师生参考。对提高我国海上风电技术水平，培养新能源人才，加强相关从业人员对海上风电行业风险的认识，建立事故预想、谨防事故发生、促进海上风电行业长远发展，具有重要的现实意义。

图书在版编目（CIP）数据

海上风电事故分析及风险防范 / 陈伟球，颜云，杜尊峰主编 . — 北京：中国电力出版社，2023.8
ISBN 978–7–5198–7931–0

Ⅰ . ①海…　Ⅱ . ①陈…　②颜…　③杜…　Ⅲ . ①海上—风力发电—电力工程—事故分析 ②海上—风力发电—电力工程—风险管理　Ⅳ . ① TM62

中国国家版本馆 CIP 数据核字（2023）第 112075 号

出版发行：中国电力出版社
地　　址：北京市东城区北京站西街 19 号（邮政编码 100005）
网　　址：http：//www.cepp.sgcc.com.cn
责任编辑：匡　野
责任校对：黄　蓓　常燕昆
装帧设计：王红柳
责任印制：石　雷

印　　刷：固安县铭成印刷有限公司
版　　次：2023 年 8 月第一版
印　　次：2023 年 8 月北京第一次印刷
开　　本：787 毫米 × 1092 毫米　16 开本
印　　张：12.75
字　　数：220 千字
定　　价：68.00 元

向海要能源更要海上风电高质量发展

这本书的主编陈伟球约我为《海上风电事故分析及风险防范》写序，我欣然接受了。因为，有无数的行业人士为我国海上风电发展付出了心血和汗水，而海上风电不仅带动了我国高端制造、海洋工程施工以及船舶业的发展，也能为我国实现"碳中和"目标，以及解决人类面临的气候挑战作出积极贡献。

25 年前我进入风电行业，经历了我国海上发电由试验示范到规模化应用，再到装机容量跃居世界第一的历程。2007 年 11 月，我国首个海上风电试验站在渤海湾绥中油田建成——1 台 1.5MW 机组安装在 30m 水深海域的导管架上，与 1 台柴油机互补形成一个供电系统，专为海上石油平台提供电力。尽管这次试验并不能准确回答海上风电项目的基础设计及成本问题，但有重要的启示，相较于陆上风电，海上风资源比预计的要好，可海上风电其工程施工难度更大，机组运行环境也更为复杂多变，这都是海上风电项目开发面临的现实问题。

试验得认知。此后，如东潮间带 30MW 试验风电场、上海东海大桥 100MW 海上风电示范项目先后建成，这拉开了我国海上风电规模化发展的序幕。但这个序幕来之不易。我记得，当年有关东海大桥海上风电项目的一场场谈判，不但没有取得想要的结果，还被外方定论为一个"不可能做成"的项目。

在我国海上风电发展的进程中，有些时间节点具有里程碑意义。比如 2010 年 6 月 8 日，上海东海大桥 100MW 海上风电示范项目全容量并网发电，做成了一个"不可能做成"的项目。我们鉴衡有幸为这个项目提供了机型认证和基础评估服务，引入了当时国际上最先进的"一体化"计算仿真技术，在项目公司、华锐风电和上海勘测设计院等参与方的支持下，完成了机组和基础整体透明化建模仿真，这是国内首次对"一体化"仿真技术的探索。

再如 2022 年 12 月 28 日，浙江苍南 1 号 40 万 kW 海上风电平价项目全容量并网发电。这是我国海上风电进入平价时期的第一面旗帜，意味着海上风电平价上网比预期来得更早些，这对"十四五"海上风电实现全面平价极具现实意义。

回看我国海上风电发展进程，我认为有三方面的实践经验值得总结：

首先，要保持合理的产品及项目开发节奏。近两年，海上大风机记录不断被刷新，这对海上风电降本增效是利好，但是新机型、新工程技术成果在批量化应用之前，必须进行充分的测试与验证，否则不仅会带来海上风电工程风险，还会造成资源浪费。未来 3 年，稳妥且保持合理的前行节奏是我国海上风电发展的主基调。

其次，坚持走产业集群化发展道路。广东（阳江）国际风电城、汕头国际风电创新港，其依托自身的资源与区位优势，通过制度及政策聚集具有全球影响力的整机、零部件等风电龙头企业，打造出覆盖全产业链的生态圈，初步形成了辐射全球市场的海上风电产业体系。这一经验值得研究及发扬广大。

最后，继续做好海上风电创新工作。当前我国海上风电项目的平均度电成本已降至 0.33 元 /kWh 左右，实现"十四五"末全面平价的目标，仍需要足够的风机产品、工程技术创新给予支持。未来几年，高新材料应用、漂浮式经济性是海上风电技术创新的重要方面，唯有创新才能让海上风电稳步进入深远海。

到 2022 年，我国海上风电装机容量已超过 3000 万 kW，继续保持既有和新增世界第一。"十四五"全面实现平价后，"十五五"及以后海上风电会迎来大规模开发建设的高速发展期，向海洋要能源成为海洋经济的美好现实。

那么，如何实现和保障海上风电高质量发展就成为业界共同面对的重要课题，恰好《海上风电事故分析及风险防范》能够为业界解决这一课题提供有益的思想和行动启迪。实际上，海上风电事故及风险防范只是书中的一个重要落点，它丰富而有益的内容几乎覆盖海上风电的全部。

对我来说，我更看重《海上风电事故分析及风险防范》对一些典型事故的追溯，从技术、产品、工程的角度把多数人看不见或被忽视的事故根因以及风险防控的知识挖掘出来，让更多的风电人重新认识事故及风险之于海上风电高质量发展的底层逻辑关系，把海上风电高质量发展的期许越做越扎实，让海上风电走在我们期许的道路上。

秦海岩

中国风能可再生能源学会风能专委会秘书长

世界风能协会副主席

前　言

随着人类社会的不断发展，全球范围内气候和污染的日益恶化与传统能源的短缺，让世界各国对清洁可再生能源的关注程度与日俱增。风力发电是世界上发展最快且较为成熟的绿色能源技术，具有规模化和商业化发展前景，对改善消费能源结构、缓解污染和气候问题有重要的战略意义。陆地风能利用往往受到占地面积大、噪声污染等问题的限制，而海上丰富的风能资源和日渐成熟的风电技术，让海洋成为一个迅速发展的风电市场。

海上风电具有发电利用效率高、不占用土地资源、适宜大规模开发、靠近沿海电力负荷中心等优势。二十世纪八九十年代以来，欧洲就开始大范围开展海上风能资源的评估和海上风电场建设的相关技术研究，形成了在海上风电开发的设计、建造、运维等全生命周期过程中相对成熟的技术经验。我国自"十二五"规划以来逐步促进海上风电产业规模化发展，随着"双碳"目标的提出和"十四五"规划的制定，我国海上风电产业飞速发展，形成了较为完善的产业链，2021年已成为海上风电累计装机规模最大的国家。近年来，全球海上风电持续保持强劲增长势头，2022 ~ 2026年累计新增装机容量预计将超90GW。

值得注意的是，在全球范围内海上风电抢装热潮下，海上风电行业得到高速发展的同时，行业缺乏理论指导、相关技术不够完善、作业规程与监管不够规范等问题逐渐凸显，海上风电事故时有发生并呈现逐年增多趋势。海上风电作为一项高投入、高技术的产业，具有政策相关性强、投资额度大、项目技术要求高、建设周期长、风险隐患多、风险损失大等特点，事故的发生往往严重威胁工程人员的生命安全，并对企业造成难以挽回的经济损失和社会不良影响。

海上风电开发是一项多学科交叉融合的系统工程。目前，海上风电工程建设多为借鉴陆上风电工程与海上油气工程的相关建设经验，但由于海上环境条件的复杂性、风电工程结构的特殊性，海上风电工程不能照搬陆上风电与海上油气工程的建设方案，需进一步挖掘海上风电工程特点，系统分析海上风电工程建设与运营中的风险，并有针对性地提出风险防范措施。

面对这样的历史机遇，有必要对海上风电产业的发展历程、现状、建设与维护内容及风险防范措施等进行归纳，结合行业内事故案例总结经验教训，综合运用风险管理理论，提出事故的预防、控制、规避措施。这不仅是对行业发展过往经验的总结，也是为进一步稳健发展我国海上风电产业打好基础。相信本书的出版对于提高我国海上风电技术水平，培养新能源人才，加强相关从业人员对海上风电行业风险的认识，建立事故预想、谨防事故发生、促进海上风电行业长远发展，具有重要的现实意义。

海上风电是国家新能源发展的重要战略方向，也是各大发电集团实力的象征，本书汇集了大量海上风电工程建设及风险控制的实践经验，在海上风电行业发展及风险控制领域提供示范和引领，为海上风电行业安全稳健发展贡献一份力量。本书以图文并茂的形式系统地阐述了海上风电产业的发展脉络，总结海上风电场建设与运维的内容与技术，综合运用定性、定量的风险评估方法对海上风电场建设与运维风险进行分析，结合事故案例有针对性地提出海上风电场风险防范措施。本书的主要特色包括综合运用工学、理学、管理学、法学等多学科理论，系统性地揭示海上风电工程中存在的工程风险，为解决实际工程问题提供理论支撑；将风险理论与海上风电技术实践相结合，全面而精准地识别海上风电工程风险；结合大量典型事故案例，对工程现场第一手资料进行整理归纳，总结行业真实可靠的经验，为解决现场问题提供有效的建议和措施。本书可作为我国海上风电领域科技人员和高等学校师生参考用书。

　　全书共分为 6 章：第 1 章概述了海上风电产业的基本情况，并梳理了国内外发展现状及我国海上风电产业相关政策；第 2 章概述了海上风电工程风险的定义、特征及风险管理的方法，并介绍了我国海上风电工程保险的发展现状、种类及采购流程与理赔情况；第 3 章梳理了海上风电场的建设过程，并对各建设环节中存在的风险进行了具体的识别与分析；第 4 章介绍了海上风电场运维内容及运维设备的发展情况，并对运维期存在的风险进行了具体的识别与分析；第 5 章总结分析了近年来国内外海上风电事故的发生趋势，并对典型的事故案例进行了分析；第 6 章结合此前的风险评估与事故案例分析，针对海上风电项目风险防范与控制提出了相应措施及建议。

　　本书在编写过程中得到天津大学杜尊峰教授团队大力协助，在此表达真挚的谢意！杜教授现为天津大学建筑工程学院副院长，长期从事海洋装备智能设计制造、工程风险防控等领域的研究工作，具有丰富的海上风电基础结构优化、健康监测与安全评估经验，同时本书也得到了众多同行专家的热情相助。编写组在参阅了国内外大量优秀的风电领域技术资料的基础上，终成此书，在此表示衷心感谢！也对书中涉及的文献作者表示感谢和敬意！

　　书中不妥之处，恳请读者不吝指正。

2023 年 8 月

目　录

1 概述

1.1 海上风电产业

1.1.1 海上风电概念

海上风电（offshore wind power）是指通过在海上建设的风电场来产生电能的发电方式，是可再生能源发电模式中重要的组成部分。国际上对"海上"或"离岸"（offshore）的定义与传统海洋工业中专门指海洋的定义不同，其含义包括内陆湖泊、峡湾和避风港等更加广泛的范围。本书主要面向在海洋上建设的风力发电机和风电场进行阐述。

随着人类社会的不断发展，化石能源造成的问题日益突出，全球范围内气候和污染的日益恶化与传统能源的短缺问题，让世界各国对清洁可再生能源的关注程度与日俱增。20世纪80年代以来，国际社会对可再生能源的发展给予了高度重视，1981年联合国在肯尼亚召开新能源和可再生能源会议，通过了《促进新能源和可再生能源发展与利用的内罗毕行动纲领》，对新能源的不同形式做出分类和定义，并指出风能已成为当前最有前景的替代能源之一。为应对全球气候变暖的威胁，联合国于1997年在日本京都召开气候大会，制定了以节能减排为目标和控制气温升幅的《京都议定书》；随后2009年的《哥本哈根协议》和2015年的《巴黎协定》再次体现出人类对气候变化的应对决心和减排承诺，同时也意味着全球气候变化已经达到了不可忽视的程度。风力发电就在这样的背景中日益受到重视并蓬勃发展起来。作为一种重要的可再生能源技术，风力发电技术较为成熟，是具有规模化发展和商业化前景的可再生能源，拥有广阔的发展前景。风能的发展对我国改善消费能源结构、缓解污染和气候问题有重要的战略意义，海上风电则是其中一个重要的分支。

1.1.2 海上风电的优势与挑战

与陆上风电相比，海上风电主要有以下优势：

（1）海上风资源条件比陆地更好，发电效率更高。与陆上风电相比，理论上海上的平均风速更高，湍流更低，风力更稳定，有利于提高风力发电功率和满发小时数。此外，陆上地形较为复杂，在风资源较好的地区常由于存在建筑物或居民用房而不适宜进行风电场开发，而海上风电场则不存在这样的局限。一般来说，海上风电场的单机装机容量高于陆上。

（2）**避免了陆上风电的用地问题。**陆上的土地资源有限且用地昂贵，加上考虑到噪声等影响因素，使得陆地上很多地区不适宜进行风电场开发。此外，某些地区还受到景观保护、视觉污染等限制，无法进行风电场开发。在远海地区开发风电场的土地成本较低，且具有不影响视觉美观等优点。

（3）**缩短与负荷中心的距离。**以中国为例，中国风资源较为丰富的地区为东北的黑龙江省、北部的内蒙古和西部的新疆，但是这些地区与用电量较大的华东、华南地区距离较远。一方面这些北部地区经济不如华东地区发达，对电能的消耗需求不够旺盛，会为风电产能消纳带来瓶颈问题；另一方面由于距离负荷中心较远，长途的电能输送将给电网建设带来一定的挑战。因此，将风电场建设在东部沿海地区，进行海上风电场的开发，可以有效避免电能的远程输送问题和产能消纳问题。

（4）**缓解陆上风电的电网侧限制。**由于陆上电网的电能传输能力有限，通过建设近海海上风电场有望缓解陆上风电的电能长距离输配电问题。

作为一项高技术、高投入的产业，开发海上风电场同样存在诸多挑战：

（1）**开发技术要求高。**与陆上风电相比，海上风电场的开发在风电机组设计、安装、运行和维护等方面都存在较大差异。风电场所处的海洋环境与陆地相比差异较大，必须综合考虑气象、洋流、波浪、盐雾和海床等因素，复杂的环境条件为海上风电开发技术带来了一系列的挑战。

（2）**开发成本高。**建设在海上的风电场，不仅在施工建设方面具有挑战性，而且具有远高于陆地的建设成本。因此，开发海上风电场对其建成后的发电能力有着更高的期望，也会对规划和成本核算带来一定的压力。

（3）**海上气候和海况的变化给风电场的运维带来挑战。**海上风电场的安装和运维与海洋气候和海况条件密切相关，海洋气候的多变性和不稳定性会给海上风电场的安装带来一定的挑战。另外，在运维阶段需要根据海洋气候和海况的状态确定天气窗口（指风速及浪高一直处于某个确定的安全值以下的一段时间），从而确定开展航海作业的出发和返回的时间和航线。对于海洋环境较为恶劣的区域，其天气窗口非常有限，将给海上风电场的开发和运维带来挑战。

（4）需要专业的用于建设和运维环节的设备和船舶。海上风电机组的安装需要将机组的各个组件从码头运输到安装地，由于海上风电机组一般是兆瓦级大型机组，组件的体积和重量较大，故需要使用专用的大型设备运输船舶。目前海上风电场开发采用了很多海上油气开发的船舶和设备，但由于风电机组具有其自身的特点，因此对于相关设备和船舶仍然应有特殊的要求。随着安装机组的容量增加，建设的地基和设备就越大，对船只的要求就越高。

（5）极端海洋环境的影响。中国东南近海频繁受到台风等极端天气的影响，这将对海上风电机组设计和风电场开发以及运维带来重要的影响和限制。一旦遇到极为恶劣的海上气候，其建设与运维形势将比陆上严峻得多，造成的影响也将严重得多。因此，海上风电场开发的风险评估和安全性管理比陆上风电场要严格。

1.1.3　海上风电场的类型与典型组成

按照海上风电场所在海域水深，一般可将其分为三类：滩涂风电场、近海风电场和深海风电场。潮间带和潮下带滩涂风电场，主要指建设在多年平均大潮高潮线以下至理论最低潮位5m水深内的海域的风电场。近海风电场，主要指建设在理论最低潮位以下5m至50m水深内的海域（含无人岛屿及海礁）的风电场。深海风电场，主要指建设在理论最低潮位以下50m水深的海域（含无人岛屿及海礁）的风电场。

一个典型的海上风电场主要由测风塔、风电机组群、海上集电系统、海上输变电系统、陆上变电站及集控中心组成，示意图如图1-1所示。

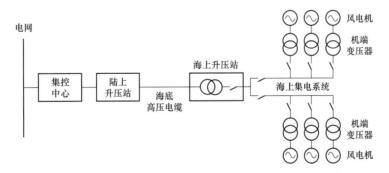

图 1-1　典型海上风电场示意图

海上测风塔是一种用于测量风电场风资源状况的高耸塔架结构，高度一般在50～100m，分层观测风速、风向，从而反映出风速随高度变化的规律。其观测的内容主要是每10min的平均风速、风向频率等，同时也应记录温度、湿度、大气压等内容。典型的海上测风塔如图1-2所示。

　　风电机组群是为经济捕获风能而按一定规则布置安放一群的风电机组，如图1-3所示。风电机组由机舱、轮毂、叶片、塔架和基础组成。海上风电机组基础安装在海床上，结构与海洋平台相似，根据海上风电场离岸距离、水深情况、海床情况、使用的风电机组容量及施工资源等不同，可采用不同的基础形式，通常包括重力式、单桩式、多桩式、导管架式、吸力筒式、漂浮式等形式，主要基础类型及对应特性如表1-1所示。风电机组塔架属于电力系统基础装备，原材料包括各类钢材、油漆、防腐涂料和法兰等，要求可靠寿命通常在20年以上。塔架支撑着机舱和三叶片与轮毂组成的风轮。机舱内部是实现机械能向电能转化的主轴、齿轮箱、发电机、变流器、变压器等部件。

图1-2　典型海上测风塔

图1-3　典型海上风电机组群

　　海上风电场集电系统是连接风机和电网的关键部分，风电机组发出的电能经集电系统收集后传输到变电站，经过升压后并入电网。因此，集电系统内部故障将会严重影响风电场的输出，并可能影响电网的安全运行。集电系统的接线形式可以分为放射形、环形、星形3种形式。其中放射形包括传统的链形以及中间带有分支的链形结构，后者因其拓扑结构符合图论中对树的定义，所以这种接线方式也被称为树形结构。树形结构因为具有结构简单、接线方式灵活、成本造价低等优点，在海上风电场集电系统设计中得到了广泛应用。

表 1-1   海上风电基础类型对比

基础类型	简要物理特征	适用水深	优点	局限性
重力式	有混凝土和钢制两种结构类型	<10m	没有打桩施工噪声，安装成本低	重量大，运输困难；需要对海床进行预处理；需要重型设备移动基础
吸力筒式	借助海水压力压入海床	<25m	无需打桩，安装简单，移动方便	对海床要求严格
单桩式	有两种类型：单桩钢结构基础和钻孔安装单桩混凝土基础	<30m	生产工艺简单，安装成本较低，安装经验丰富	施工噪声大，受海床和风机重量影响大
导管架式	有3或4个桩腿，桩腿间用撑杆连接的空间钢架结构	>20m	强度高，安装噪声小，重量轻，适用于大型风机	结构复杂，造价昂贵；受海浪作用，容易疲劳失效；大型基础海上安装受天气影响较大
漂浮式	安装不受海床影响	>50m	适用于深水海域，该水域海上风力发电潜力大	设计和安装经验相对不足

海上风电场输变电系统包括海上升压站和海底电缆。

海上升压站将海上风电机组输出电压（如35kV）升高至更高的110kV/220kV，通过高压海底电缆送至陆上变电站，对于整个海上风电场的可靠运行、提高海底电缆可靠性并降低海上风电场开发成本起着重要的作用。通常，海上升压站主要包括主体、变压器室（安放主变压器）、GIS室（安放全封闭SF_6组合电器）、主控室（安放微机监控设备与继电保护设备）、电容室（安放补偿电容）、接地电阻室（安放接地电阻与过电压保护设备）、消防室、员工休息室及直升机平台或船只进出平台等。海上升压站通常主要分为下部基础和上部组块两个组成部分，典型结构如图1-4所示。上部组块一般采用钢结构建筑物，多层或多模块布置。下部基础一般采用与风电机组支撑桩相似的结构，目前国内外海上升压站基础大多采用单桩、重力式或导管架基础。

海上风电场选用的海缆主要为海底光电复合电缆，其在海底电力电缆中加入具有光通信功能及加强结构的光纤单元，使其具有电力传输和光纤信息传输的双重功能，用于监控和控制风力发电机系统，完全可以取代同一线路铺设的海底电缆和光缆，但如果发生故障则需要更换整根海缆，目前常用的三芯海底光电复合电缆如图1-5所示。海上风电场所用海缆可分为内部阵列海缆和输出海缆两大类。内部阵列海缆主要是连接海上风电场各个风机并汇入海上升压站所用的海底电缆,输出海缆是将海上风电场产生的电能从风电场传送至电网的海底电缆。无论是内部阵列海缆还是高压输出海缆,在生产、安装、敷设以及维护过程中还将用到一些用于海缆连接、保护等方面的附件,主要包括海缆安装接头、终端以及其他附件,如牵引头、"J"形管、锚固装置、弯曲保护装置等。

图1-4　典型海上升压站

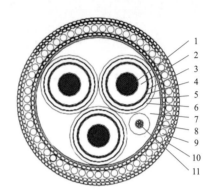

1—阻水导体;2—导体屏蔽;3—绝缘;4—绝缘屏蔽;
5—金属防水屏蔽层;6—塑料防腐保护层;7—填充;
8—铠装垫层;9—单层金属丝铠装;
10—电缆外被层;11—光单元;

图1-5　典型海底光电复合电缆结构图

陆上升压站的类型按照建筑形式和电气设备布置方式,可分为户内、半户内、户外升压站,常见的升压站电压等级有110、220kV,具体的电压等级由接入系统的电压等级来确定。风电场集控中心一般建于陆上变电站附近,起到协调控制整个电站的运行和维护的作用。

1.1.4　海上风电场的开发流程

海上风电场的开发是一个严谨而复杂的过程,由于涉及用海安全及用海规划等问题,与陆上风电场开发相比,其开发流程更为复杂。一般来说,海上风电场的开发可分为九个阶段:① 初期计划阶段;② 场地准备阶段;③ 申请必要许可及项目可行性研究阶段;④ 审批及项目获准阶段;⑤ 项目筹资及资金到位阶段;⑥ 项目施工建设阶段;⑦ 海上风电场运营阶段;⑧ 销毁及拆除阶段;⑨ 项目注销。根据各国家规定的不同,或由于海上风电项目的特殊性,其开发流程会有一定的差异。

中国海上风电场的开发一般分为五个阶段:① 可行性分析阶段;② 风电场勘察设计阶段;③ 风电场建设阶段;④ 风电场运行维护管理阶段;⑤ 风电场拆除和销毁阶段。

海上风电场的可行性分析阶段是对海上风电项目进行可行性论证和评审的阶段。海上风电场选址是项目开发的首要工作，一般应根据预选区域的风能资源状况、离岸距离、水深和海床特点进行综合考虑。之后需要根据每个国家的不同规定进行项目可行性研究、调研、项目许可评审、审批等申请，为项目进行的合法化和合规化打好基础。

在获得项目许可后即可开展项目设计、预算与勘察阶段。此阶段项目开发方可以通过招投标的方式与风电机组制造商、风电场开发商和建设承包商等进行磋商，对项目开展勘察、设计和投资估算。

在项目设计和预算方案得到通过之后则可以开始风电场建设。在这个阶段，需要对整体项目的安装、建设和实施进行组织和管理，确保项目在预定时间内完成，并管控好建设中遇到的问题和风险。

海上风电场建设完成后则需要对风电场进行运营维护和管理。海上风电场的运行、维护和管理是一个长期而重要的过程，高效的运维组织有利于促进项目的盈利，反之则会带来项目的亏损和失败。由于海上风电场的管理具有区别于陆上风电场的特点和难度，其运维往往决定着海上风电场的成败，是一个不容忽视的阶段。通常，海上风电场业主会与风电制造商签订一定的保质期，在此期间机组制造商负责风电机组的维护和检修工作，有时也会对发电量做出一定的承诺和保证，在超出质保期规定的时间范围后，业主需要自己对风电场进行管理和维护，也可以选择一定的项目承包方来进行风电场管理。

1.2 海上风电发展现状

二十世纪八九十年代以来，欧洲大范围开展海上风资源评估和海上风电场建设的相关技术研究。经过近四十年的发展，国外海上风电行业已形成了在海上风电开发的设计、建造、运维等全生命周期过程中相对成熟的技术经验。

近年来，海上风电产业加速扩张，在全球范围内掀起海上风电的抢装热潮。2021年，全球海上风电装机容量较2020年增长近50%。其中，中国在2021年的新增装机容量达到12.7GW，随着这一加速扩张，中国已成为全球海上风电市场的领跑者和驱动力。此外，其他国家也表现出了推进扩张的意愿，英国、荷兰和丹麦均在2021年大幅扩大了海上风电容量。截至2021年，全球海上风电累计装机容量为57.2GW，同比增长近60%。这种迅猛的发展态势和世界各地的新兴市场表明，越来越多的国家认识到了海上风能在应对气候危机中至关重要的作用和未来的经济潜力，海上风电的重要性与日俱增。

1.2.1 国外海上风电发展现状

目前，欧洲仍是全球海上风电开发的绝对主力。从1991年丹麦建成世界上首个海上风电场Vindeby，至今已有三十多年的历史，欧洲海上风电的开发也经历了试验示范、规模化应用、商业化发展三个阶段。

丹麦在海上风电开发领域始终走在世界前列，其建设和运营经验为其他国家起到了重要的示范作用。Vindeby海上风电场投产运行后，直到2000年，海上风电的发展一直处于试验示范阶段，主要在丹麦和荷兰的海域安装了少量的风电机组，单机容量均小于1MW，至2000年累计装机容量仅36MW。2001年，丹麦Middelgrunden海上风电场建成运行，安装了20台2MW的风电机组，总装机容量40MW，成为首个规模级海上风电场。欧洲海上风电从此进入了规模化应用阶段。此后每年都有新增海上风电容量，风电机组单机容量均超过1MW，至2010年欧洲海上风电累计装机容量达2946MW。2011年，欧洲新建海上风电场的平均规模达近200MW，风电机组平均单机容量3.6MW，离岸距离23.4km，水深22.8m。欧洲海上风电开发进入商业化发展阶段，并朝着大规模、深水化、离岸化的方向发展。

英国是世界海上风能资源最丰富的国家之一，也是世界上最大的海上风电市场，占欧洲海上风能可开发潜能的1/3以上。英国并不是最早开发海上风电产业的国家。2000年，英国建成了首个试验性风电场Blyth，到2004年才建成首个大规模海上风电场North Hoyle，但此后在政府的大力推动下，英国的海上风电产业得到了迅速发展，并在持续快速扩张。截至2021年，英国占据欧洲海上风电总容量的43%，拥有40个海上风电项目，运营的项目约10.5GW，其产生的电能每年能为39%的英国家庭提供电力。

德国是近年来海上风电发展最快的国家之一。2008年仅有3台海上风电机组，装机容量共12MW；截至2014年年底，海上风电装机容量已达1048.9MW，在建项目总容量约2500MW；到2021年年底，共有1501台海上风电机并网，总容量达7794MW。根据德国最新的招标计划，到2026年年底，德国的装机容量可以增加到接近12GW。

此外，近年来在全球范围内出现了许多新兴的海上风电市场。欧洲范围内，比利时也是海上风电开发的先行者，在全球海上风电行业中也处于领先地位；荷兰也具备海上风电产业发展的良好环境，预计到2030年，海上风电场将为荷兰提供约11.5GW的海上风能；法国于2022年2月宣布将在2050年拥有约50座海上风电场，总容量计划达到

40GW；波兰有近10个海上风电场项目正在开发，第一个海上风电场将于2025～2026年完工。美国也是一个新兴的海上风能市场，政府正大力推动海上风电产业，并计划于2030年达到30GW的装机容量。亚洲范围内，印度与丹麦签订双边合作协议，借助欧洲的专业技术快速发展海上风电产业，计划到2030年实现海上风电容量达到30GW的目标；越南的海上风电行业还处于起步阶段，只有少数几个正在运营的近岸风电场位于湄公河三角洲地区，计划装机容量于2025年达到2GW，到2030年达到6GW；韩国的海上风电市场也处于起步阶段，计划在2030年前安装12GW的海上风电机；日本海上风电市场一直处于"待开发"状态，自2003年建设了亚洲首个规模为1.3MW的海上风电项目后，截至2019年年底仅有67MW的示范项目投运，2021年开工建设秋田能代海上风电场，项目总装机容量为140MW，将成为日本建造的首个商业化海上风电场。

1.2.2 我国海上风电发展现状

中国是风能资源十分丰富的国家，近海风能资源发展前景广阔。中国的海岸线长约1.8万km，岛屿6000多个，近海风能资源主要集中在东南沿海及其附近岛屿，风功率密度基本都在300W/m^{2}以上。根据风能资源普查成果，中国5～25m水深、50m高度海上风电开发潜力约2亿kW；5～50m水深、70m高度海上风电开发潜力约5亿kW；大部分近海90m高度海域年平均风速为6.5～8.5m/s，具备较好的风能资源条件，适合大规模开发建设海上风电场。

2013年，中国碳排放总量达到全球第一，同时人均碳排放量首次超过欧盟国家，仅次于美国。节能减排降低碳排放，转变经济发展方式已成为中国走可持续发展路线的必由之路。风能作为清洁能源是中国开发的重点，对改善能源系统结构，保护生态环境具有深远意义。

中国在20世纪90年代就开始开展陆上和海上风电的前期研究与可行性分析，但由于受到政策、技术、成本等因素的限制，中国的海上风电产业在发展之初较为缓慢，直至2009年才得以落成首个大型海上风电场——上海东海大桥海上风电场并成功并网发电，该项目不仅是中国风电发展史上的一座里程碑，更为我国未来的海上风电产业发展提供了宝贵经验，如图1-6所示。

图 1-6 上海东海大桥海上风电场

为实现国家经济社会发展战略目标,加快能源结构调整,国家相继出台了《可再生能源法》《国家能源发展"十二五"规划》《可再生能源发展"十二五"规划》指导可再生能源的发展。为了加强风电产业的发展,国家能源局在此基础上于2012年7月发布了《风电发展"十二五"规划》,提出了风电发展的具体目标和建设重点,并对海上风电发展提出了发展愿景及发展思路,指出在海上风电示范项目取得初步成果的基础上,促进海上风电规模化发展,重点开发建设上海、江苏、河北、山东海上风电,加快推进浙江、福建、广东、广西和海南、辽宁等沿海地区海上风电的规划和项目建设,到2015年实现全国投产运行海上风电装机容量500万 kW 的目标。

进入"十三五"规划阶段,中国的海上风电产业得到进一步快速发展。2016年11月,国家能源局印发《风电发展"十三五"规划》,提出了到2020年年底海上风电装机容量达5GW、在建海上风电项目总容量达10GW的目标。2018年以来,中国海上风电产业的增长速度持续高于世界上的其他国家,海上风电年新增装机容量已连续3年居世界首位。2020年,全球海上风电行业新增装机容量为6.1GW,其中以中国为首,装机容量同比增长50.45%,全球海上风电累计装机容量超过35.3GW,其中中国占比28.3%。2021年,中国继续领跑海上风电抢装热潮,仅在2021年就安装了16.9GW的海上风电容量,相当于截至2020年年底中国累计总装机容量的1.8倍,这一数字远高于其他国家和地区。根据国家能源局(NEA)发布的统计数据,截至2021年年底,中国的可再生能源装机容量已达1063GW,同比增长13.8%,其中风力发电为328GW,同比增长16.7%,就海上风电总装机容量而言，中国已跃居世界首位。

2020年9月，国家主席习近平在第七十五届联合国大会上宣布了中国力争2030年前二氧化碳排放达到峰值，努力争取2060年前实现碳中和的目标。为保障国家能源安全，推动实现经济社会高质量发展，国家发展改革委和国家能源局于2022年1月联合印发《"十四五"现代能源体系规划》，系统阐述"十四五"时期加快构建现代能源体系、推动能源高质量发展的总体蓝图和行动纲领。《规划》指出要鼓励建设海上风电基地，推进海上风电向深水远岸区域布局，重点建设广东、福建、浙江、江苏、山东等海上风电基地；提升东部和中部地区能源清洁低碳发展水平，统筹推动海上风电规模化开发，在长三角地区和粤港澳大湾区及周边地区积极开发海上风电；发展新型电力系统技术，实现大容量远海风电友好送出技术的研发和示范应用，推动智慧风电发展；到2025年，非化石能源消费比重提高到20%左右，非化石能源发电量比重达到39%左右。

1.3　中国海上风电产业政策

1.3.1　能源"双碳"战略转型

"双碳"即碳达峰、碳中和的简称。实现碳达峰、碳中和，是以习近平同志为核心的党中央统筹国内国际两个大局作出的重大战略决策，是着力解决资源环境约束突出问题、实现中华民族永续发展的必然选择，是构建人类命运共同体的庄严承诺。

2020年9月以来，我国陆续出台并落实执行了一系列涉及"双碳"目标的政策、文件及相关重点领域行业的实施方案及支撑保障措施。2020年10月，发布《中共中央关于制定国民经济和社会发展第十四个五年规划和二〇三五年远景目标的建议》，指出要广泛形成绿色生产生活方式，碳排放达峰后稳中有降，生态环境根本好转，美丽中国建设目标基本实现。2021年2月，国务院印发《关于加快建立健全绿色低碳循环发展经济体系的指导意见》指出，要建立健全绿色低碳循环发展的经济体系，确保实现碳达峰碳中和目标。2021年3月，李克强总理在第十三届全国人民代表大会第四次会议《政府工作报告》中指出，要扎实做好碳达峰、碳中和各项工作，制定2030年前碳排放达峰行动方案，优化产业结构和能源结构。2021年10月，中共中央、国务院印发《国家标准化发展纲要》建立健全碳达峰、碳中和标准。

"十四五"是碳达峰的关键期和窗口期，在加快低碳进程的同时，构建"国家-地方-

行业"的三级"双碳"策略并有序落实势在必行。2021年5月26日，碳达峰碳中和工作领导小组第一次全体会议在北京召开，会议指出，推进碳达峰、碳中和工作，要坚持问题导向，深入研究重大问题，当前主要围绕推动产业结构优化、推进能源结构调整、支持绿色低碳技术研发推广、完善绿色低碳政策体系、健全法律法规和标准体系等问题，研究提出有针对性和可操作性的政策举措。同时，应狠抓工作落实，确保党中央的决策部署落地见效，要充分发挥碳达峰碳中和工作领导小组的统筹协调作用，各成员单位要按职责分工全力推进相关工作，形成强大合力；要压实地方主体责任，坚持分类施策、因地制宜、上下联动，推进各地区有序达峰；要发挥好国有企业，特别是中央企业的引领作用，中央企业要根据自身情况制定碳达峰实施方案，明确目标任务，带头压减落后产能、推广低碳零碳负碳技术。推进碳达峰碳中和工作，要全面贯彻落实习近平生态文明思想，立足新发展阶段、贯彻新发展理念、构建新发展格局，扎实推进生态文明建设，确保如期实现碳达峰、碳中和目标。"十四五"期间和碳达峰阶段要实现从高碳经济转向低碳经济、从高碳产业转向低碳产业、从高碳能源转向低碳能源、从高碳社会转向低碳社会，大幅降低二氧化碳排放强度，大幅提高非化石能源占一次能源消费比重的目标，必须加强国家级的先导政策、地方政府的配套政策以及行业相关政策的引导作用，统筹规划、协调推进。

2021年10月24日，中共中央、国务院印发《关于完整准确全面贯彻新发展理念做好碳达峰碳中和工作的意见》（简称《意见》），为碳达峰、碳中和这项重大工作进行系统谋划、总体部署，提出10个方面31项重点任务，明确了碳达峰碳中和工作的路线图、施工图。《意见》指出，实现碳达峰、碳中和目标，要坚持"全国统筹、节约优先、双轮驱动、内外畅通、防范风险"原则，推进经济社会发展全面绿色转型，深度调整产业结构，加快构建清洁低碳安全高效能源体系，加快推进低碳交通运输体系建设，提升城乡建设绿色低碳发展质量，加强绿色低碳重大科技攻关和推广应用，持续巩固提升碳汇能力，提高对外开放绿色低碳发展水平，健全法律法规标准和统计监测体系，完善政策机制，切实加强组织实施。同时，《意见》提出了实现"双碳"目标的三步走：到2025年，绿色低碳循环发展的经济体系初步形成，重点行业能源利用效率大幅提升，为实现碳达峰、碳中和奠定坚实基础；到2030年，经济社会发展全面绿色转型取得显著成效，重点耗能行业能源利用效率达到国际先进水平，二氧化碳排放量达到峰值并实现稳中有降；到2060年，绿色低碳循环发展的经济体系和清洁低碳安全高效的能源体系全面建立，能源利用效率达到国际先进水平，非化石能源消费比重达到80%以上，碳中和目标顺利实现，生态文明建设取得丰硕成果，开创人与自然和谐共生新境界。针对可再生能源未来的发展，《意见》指出，要积极发展非化石能源，实施可再生能源替代行动，大力发展风能、太阳能、生物质能、海洋能、地热能等，不断提高非化石能源消费比重；坚持集中式与分布式并举，优先推动风能、太阳能就地就近开发利用，因地制宜开发水能，积极安全有序发展核电，合理利用生物质能，加快推进抽水蓄能和新型储能规模化应用，统筹推进氢能"制储输用"全链条发展；构建以新能源为主体的新型电力系统，提高电网对高比例可再生能源的消纳和调控能力。

10月26日，国务院印发《2030年前碳达峰行动方案》(简称《方案》)指出，应将碳达峰贯穿于经济社会发展全过程和各方面，重点实施能源绿色低碳转型行动、节能降碳增效行动、工业领域碳达峰行动、城乡建设碳达峰行动、交通运输绿色低碳行动、循环经济助力降碳行动、绿色低碳科技创新行动、碳汇能力巩固提升行动、绿色低碳全民行动、各地区梯次有序碳达峰行动等"碳达峰十大行动"。针对海上风电产业，《方案》指出，应全面推进风电大规模开发和高质量发展，坚持陆海并重，推动风电协调快速发展，完善海上风电产业链，鼓励建设海上风电基地；进一步完善可再生能源电力消纳保障机制；到2030年，风电、太阳能发电总装机容量达到12亿kW以上。

《关于完整准确全面贯彻新发展理念做好碳达峰碳中和工作的意见》以及《2030年前碳达峰行动方案》，这两个重要文件的相继出台，共同构建了中国碳达峰、碳中和"1+N"政策体系的顶层设计，而重点领域和行业的配套政策也围绕以上意见及方案陆续出台。

1.3.2　海上风电配套政策

1. 我国海上风电政策框架

实践证明，政策推动是我国海上风电得以快速发展的主要推动力量。我国现有的海上风电政策，已形成了由可再生能源政策、风电发展政策、海上风电政策组成的层次分明、相互补充的政策框架，如图1-7所示。

我国海上风电产业政策的制定与实施自上而下主要分为三个层次：第一个层次是中央政府及各部委对海上风电产业颁布的行政法规或者部委规章，主要包括全国海上风电的发展规划、上网电价补贴规定等内容，在产业政策体系中具有最高效力，对下两个层次的规范性文件起到领导和指引的作用；第二个层次是省级地方政府制定的地方性法规和规章，是地方政府在行政法规或者规章制度的指引下结合各省自身的具体情况制定的规范性文件，主要包括省级海上风电的发展规划、海洋功能区规划等，对县市级规范性文件起到领导和指引作用；最后一个层次是县市级政府对海上风电制定的规范性文件，主要是对区域内海上风电产业的发展进行具体规划和安排，一般直接作用于海上风电企业。

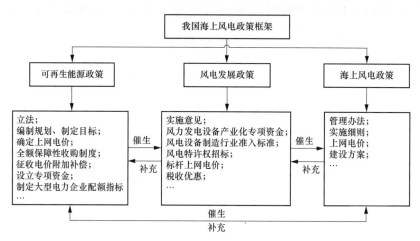

图 1-7 我国海上风电政策框架

应当注意的是，由于我国海上风电产业存在多头管理的现象，存在由于上下级政府沟通不及时，而发生的上下级文件不统一甚至相互矛盾的问题。故在目前的实践中，产业政策规定的应然性与实施的实然性存在偏差。

2. 我国海上风电政策演变

总的来说，我国海上风电发展的政策走向与我国海上风电的发展历程是总体相符的，我国近年来的海上风电政策演变历程可大致分为1995～2008年为环境营造阶段、2009～2013年为萌芽示范阶段、2014～2017年为快速发展阶段、2018年以后为成熟转型阶段四个阶段。

（1）环境营造阶段。全球可再生能源的开发始于20世纪70年代以后全球范围的石油危机，世界范围的政治、经济动荡和战争威胁致使世界各国开始积极寻找替代能源。

1995～2008年正值我国可再生能源相关制度的起步阶段，为鼓励可再生能源开发利用，我国相继出台了《1996—2010年新能源和可再生能源发展纲要》《中共中央关于制定国民经济和社会发展"九五"计划和2010年远景目标的建议》《中华人民共和国电力法》等法律、法规、规划，标志着我国可再生能源发展开始萌芽。2005年，全国人大通过了

《中华人民共和国可再生能源法》；随后，国家发展改革委颁布《可再生能源产业发展指导目录》《可再生能源发电有关管理规定》《可再生能源发电价格和费用分摊管理试行办法》《可再生能源电价附加收入调配暂行办法》《可再生能源中长期规划》《可再生能源发展"十一五"规划》等实施细则和规划文件，财政部印发《可再生能源发展专项基金管理暂行办法》。这一系列法律规章确立了可再生能源的全额保障性收购制度、可再生能源电价附加补偿、大型电力企业配额指标、规划目标、指导目录等基础政策和制度，对后续海上风电产业的发展起到了很大的推动作用；此外，确立了陆上风电的风电特许权招标、分区上网标杆电价、风力发电设备产业化专项资金政策以及科技支撑计划等政策，对海上风电相关政策的出台具有借鉴意义。

1995～2008年是我国可再生能源的环境营造阶段，在这个阶段国家颁布不同的文件，通过政策激励手段来推动可再生能源的发展，这为海上风电发展起到了重要的推动作用。这一阶段的政策目标主要侧重于完善可再生能源的配套政策环境，由于我国海上风电发展在此阶段还未正式起步，专门针对海上风电颁布的政策较少，但为其在政策、市场和技术上进行了铺垫，多数可再生能源领域相关政策均适用于海上风电。

（2）萌芽示范阶段。进入2009年后，以哥本哈根气候变化大会为标志，温室气体排放成为国际政治经济领域的重大问题，新能源也成为全世界关注的焦点。为积极应对全球气候变化，我国作出了2020年非化石能源在能源消费中达到15%、2020年的单位GDP二氧化碳排放量比2005年减少40%～50%的承诺。

2007年11月，我国建成了第一个容量为0.15kW的海上风电试验项目——中海油渤海湾钻井平台试验机组，标志着我国海上风电发展取得"零的突破"。自此以后，我国进入海上风电的萌芽示范阶段。为进一步探索海上风电的建设经验，我国于2008年在上海东海大桥开工建设第一个初具规模的海上风电场，该风电场共有34台来自不同厂家的风电机组，对海上风电场的建设进行了全面的探索，为后续海上风电项目提供了宝贵的经验。在此基础上，我国海上风电相关制度的设立逐步提上日程，相关系列政策与措施相继出台，对海上风电场开发的规划、项目审批、核准、工程施工和环境保护等问题进行规范。

2009年1月，国家能源局召开海上风电开发及沿海大型风电基地建设研讨会，研究讨论海上风电规划和海上风电开发前期工作等问题，并通过《近海风电场工程规划报告编制办法（试行）》《近海风电场工程预可行性研究报告编制办法（试行）》等规范，同年4月，印发《海上风电场工程规划工作大纲》，并于6月召开海上风电开发建设协调会。2010年1月，国家能源局和国家海洋局联合印发《海上风电开发建设管理暂行办法》，规范海上风电发展规划、项目授予、项目核准、海域使用和海洋环境保护、施工竣工验收、运行信息管理等环节的管理，这是我国第一部对海上风电全环节进行系统性规定的部门规章，标志着我国海上风电政策体系的初步形成。同年5月，国家确定首批4个海上风电特许权招标项目，掀起海上风电发展热潮。为更好地落实和执行《海上风电开发建设管理暂行办法》，2011年7月，国家能源局和国家海洋局再次联合印发《海上风电开发建设管理暂行办法实施细则》，进一步明确海上风电项目前期、项目核准、工程建设与运行管理等海上风电开发建设管理工作。

为进一步促进海上风电的发展，我国政府出台《风电发展"十二五"规划》《可再生能源发展"十二五"规划》《全国海洋经济发展"十二五"规划》等政策，对海上风电进行专门的规划部署。此外，《风电设备制造行业准入标准（征求意见稿）》将海上风电设备产业列入优先发展内容，《国务院关于加快培育和发展战略性新兴产业的决定》将海上风能开发装备纳入战略性新兴产业目录，《产业结构调整指导目录（2011年）》首次将"海上风电机组技术开发与设备制造"和"海上风电场建设与设备制造"纳入鼓励类项目范畴，海上风能的战略地位日益提高。

（3）快速发展阶段。2014年6月，国务院发布《能源发展战略行动计划（2014—2020年）》，提出"节约、清洁、安全"的战略方针和"节约优先战略，立足国内战略，绿色低碳战略，创新驱动战略"的重点战略。同年9月，国家发展改革委发布《国家应对气候变化规划（2014—2020年）》，为控制温室气体排放，该规划提出优化能源结构、加强能源节约等9项举措。2015年3月，中共中央、国务院印发《关于进一步深化电力体制改革的若干意见》，要求"强化能源领域科技创新，提高可再生能源发电和分布式能源系统发电在电力供应中的比例"。这些文件的出台标志着可再生能源在国家能源战略中的地位上升到了一个新的高度，我国的海上风电发展也由此进入了快速发展阶段，相关法规制度进入细化阶段。

上网电价是可再生能源的一个关键问题，为推动可再生能源的健康发展，2014年1月，国家能源局印发《关于做好海上风电建设的通知》，海上风电标杆电价制定被列为2014年重点任务。同年6月，国家发展改革委下发《关于海上风电上网电价政策的通知》，确立了我国海上风电的固定电价制度，对海上风电标杆电价进行政策性规定：2017年以前投运的潮间带风电上网电价为0.75元/kWh（含税）；近海风电上网电价为0.85元/kWh（含税）；2017年以后投运的海上风电项目，将根据海上风电技术进步和项目建设成本变化，结合特许权招投标情况另行研究制定上网电价政策。同年12月，国家能源局印发《全国海上风电开发建设方案（2014—2016）》，对全国海上风电的建设和目标进行了统一规划，总容量1053万kW的44个海上风电项目列入开发建设方案，至此国内海上风电开发再次提速。为促进风力发电的持续发展，2015年6月，财政部和国家税务总局印发《关于风力发电增值税政策的通知》，进一步对纳税人销售自产的利用风力发电生产的电力产品，实行增值税即征即退50%的政策。2016年10月，国家海洋局下发《关于进一步规范海上风电用海管理的意见》，确立了"双十"标准，对海上风电的环境监督管理问题进行了详细规定。

2014年以来，为促进海上风电的发展，国家能源局与财政部根据海上风电发展的市场规律，对海上风电的上网电价进行了标定，对其税收政策进行了一定程度的减免，一方面为海上风电的成本核算提供了重要的依据，另一方面，也通过鼓励性政策促进了海上风电的快速发展。

（4）**成熟转型阶段**。近年来，我国开始尝试在海上风电领域引入市场竞争制度。2017年，国家发展改革委印发《关于调整光伏发电陆上风电标杆上网电价的通知》，在确认2014年固定补贴制度标准继续执行的基础上，鼓励通过招标等市场化方式确定海上风电等新能源的电价。至2018年，国家能源局公布实施的《关于2018年度风电建设管理有关要求的通知》中，明确规定尚未确定投资主体的海上风电项目应全部通过竞争方式配置和确定上网电价，由此正式拉开我国海上风电"去补贴"的序幕，标志着我国海上风电政策进入成熟转型阶段。2020年，财政部、国家发展改革委、国家能源局联合印发《关于促进非水可再生能源发电健康发展的若干意见》，规定2021年12月31日未完成并网项目及后续新增项目不再纳入中央补贴范围。

3. 现行海上风电相关法律法规

为促进可再生能源的开发利用，增加能源供应，改善能源结构，保障能源安全，保护环境，实现经济社会的可持续发展，中华人民共和国第十届全国人民代表大会常务委员会第十四次会议通过了《中华人民共和国可再生能源法》（以下简称《可再生能源法》）。2009年12月26日，中华人民共和国第十一届全国人民代表大会常务委员会第十二次会议通过了《全国人民代表大会常务委员会关于修改〈中华人民共和国可再生能源法〉

的决定》，并于2010年4月1日起施行。《可再生能源法》为可再生能源行业和项目的发展提供了总体框架，其中包含了风电产业发展的相关内容。

为补充《可再生能源法》中风电项目相关立法细节，规范风电项目建设，促进风电有序健康发展，国家能源局于2011年发布《风电开发建设管理暂行办法》，对陆上和海上项目的开发建设进行了规范；同年，国家能源局与国家海洋局联合发布《海上风电开发建设管理暂行办法》，后进一步联合制定出台《海上风电开发建设管理暂行办法实施细则》，适用于海上风电项目前期、项目核准、工程建设与运行管理等海上风电开发建设管理工作，对海上风电发展规划、项目授予、项目核准、海域使用和海洋环境保护、施工竣工验收、运行信息管理等环节的行政组织管理和技术质量管理进行规定。为进一步完善海上风电管理体系，规范海上风电开发建设秩序，促进海上风电产业持续健康发展，国家能源局、国家海洋局于2016年12月29日联合印发《海上风电开发建设管理办法》，对海上风电发展规划、项目核准、海域海岛使用、环境保护、施工及运行等内容提供了总体规定。

2020年4月，国家能源局印发《中华人民共和国能源法（征求意见稿）》（简称《能源法》），为能源开发提供了指导方针和标准，强调了市场在分配能源资源和优先发展可再生能源方面的作用。《能源法》最终发布后将成为管理整个能源部门（包括可再生能源）的总体框架性立法。

4. 现行海上风电直接政策

直接政策指政府遵守法律运用行政权力进行直接经济引导的手段，包括发展规划、产业链建设、并网政策等。

（1）**发展规划**。我国海上风电发展规划包括全国海上风电发展规划、各省（自治区、直辖市）以及市县级海上风电发展规划。国家能源局是我国负责组织海上风电发展规划编制和管理的机构，各省（自治区、直辖市）的海上风电规划由各省（自治区、直辖市）的能源主管部门组织有关单位编制，一般为各市级能源局，编制完成后由国家能源局会同国家海洋局审批。

2016年11月，国家能源局印发《风电发展"十三五"规划》，计划到2020年全国海上风电开工建设规模达到1000万kW，力争累计并网容量达到500万kW以上，并对各省（自治区、直辖市）的海上风电发展做出了布局。2022年1月，国家发展改革委和国家能源局联合印发《"十四五"现代能源体系规划》，对"十四五"期间海上风电发展的重点区域及基础设施工程进行规划布局，并指出要推进海上风电向深水远岸区域布局，发展新型电力系统技术，实现大容量远海风电友好送出技术的研发和示范应用，推动智慧风电发展。

各省市有权结合自身的资源禀赋情况、海域功能区现状和规划，制定海上风电发展的省级目标和计划。以《广东省海上风电发展规划（2017—2030年）》（简称《规划》）为例，《规划》根据国家《可再生能源发展"十三五"规划》、国家《风电发展"十三五"规划》《广东省能源发展"十三五"规划》等相关规划，结合广东省海上风电发展实际制定，规划年限为2017年到2030年，近期至2020年，远期至2030年，规划范围包括离岸距离不少于10千米、水深50米内的近海海域。《规划》概述了广东省发展海上风电的资源条件、发展环境现状及发展机遇和挑战，阐述了海上风电项目的区域发展要求和发展目标，并对场址布局进行详细规划。

（2）产业链建设。海上风电由于零部件重量和体积较大、运输成本高，适合本地、就近生产，因此，发展海上风电对当地的装备制造等产业的拉动效果较好，近年来，各海上风电重点建设地区都将打造海上一体化产业链作为海上风电开发的前提，拉动当地经济增长。

海上风电产业链条可大致分为：① 上游的原材料和零部件环节，原材料包括叶片制造采用的玻纤、碳纤等，零部件包括轮毂、叶片、发电机、齿轮箱、轴承、塔架等，主要企业包括中材科技、大连重工、株洲电机、大连重工、天马集团等；② 中游的风电机组整体组装环节，由风机主机供应商进行风机整合，风电安装船舶及设备等产业也包含在此环节，主要企业包括金风科技、东方电气、上海电气、明阳智能、联合动力、中国海装、湘电集团等；③ 下游的海上风电运营和运维，包括防腐、认证等，运维商以国企、央企为主，主要包括天润新能、中国三峡、中广核等。

为推动海上风电产业集群的发展，加强风电产业链的建设，江苏、福建、浙江、广东等东部沿海省份一直在大力建设风电产业园区。2009年11月，国家能源海上风电技术和设备研发中心开始建设江苏盐城盐都区华锐风电产业园；2018年1月，福州市人民政府为推进福州海上风电装备产业园的发展，对园区内的海上风电企业提供所得税优惠和项目资金补贴；浙江省在《浙江省可再生能源发展"十四五"规划》中提出探索海上风电基地发展新模式，集约化打造海上风电+海洋能+储能+制氢+海洋牧场+陆上产业基地的示范项目；广东省在《促进海上风电有序开发和相关产业可持续发展实施方案》提出，到2025年，全省海上风电整机制造年产能达到900台（套），基本建成集装备研发制造、工程设计、施工安装、运营维护于一体的具有国际竞争力的风电全产业链体系。我国正在加强核心部件攻关与创新，已具备大兆瓦级风电整机、关键核心大部件自主研发制造能力，国内风电装机容量90%以上采用国产风机。作为中国可再生能源的重点领域，海上风电产业将在"十四五"期间进入新的发展时期。

（3）并网政策。我国海上风电的并网成本是由风能项目的开发商承担，这种模式加重了风电开发商的融资负担，但也能刺激风电场开发商寻求降低成本的途径，提高资金利用率。与陆上风电不同，海上风电还存在海缆建设问题，但我国没有专门针对海上风电制定的并网政策。由于缺乏海缆建设总体规划，各地港口、海上锚地、军事、环保、风资源测量等因素没有统一考虑，可能导致海上电缆混乱和重复建设等问题。

5. 现行海上风电间接政策

间接政策指政府运用经济杠杆进行间接引导和管理的政策，包括上网电价补贴、税收优惠、金融支持、科研鼓励等手段。

（1）上网电价补贴。国家能源局在2010年推出了我国首批海上风电特许权招标项目，但实施效果不佳。为进一步促进海上风电产业健康发展，鼓励优先开发优质资源，2014年6月，国家发展和改革委员会发布《关于海上风电上网电价政策的通知》（以下简称《通知》），将海上风电项目区分为招标项目和非招标项目，规定招标项目的上网电价按照中标价格执行，但不得高于以上规定的同类项目上网电价水平，对于非招标项目规定标杆上网电价。非招标项目区分为潮间带风电和近海风电两种类型，2017年以前（不含2017年）投运的近海风电项目标杆上网电价为0.85元/kWh，潮间带风电项目标杆上网电价为0.75元/kWh。《通知》确立了我国海上风电的固定电价制度，明确了海上风电的上网电价，在一定程度上降低了海上风电的投资风险，为风电企业提供稳定的补贴政策，推动我国海上风电产业走向快速发展的阶段。

随着技术进步和发展规模的壮大，我国海上风电市场日益成熟，政府开始尝试引入市场竞争机制确定海上风电的上网电价，摆脱对政府财政补贴的依赖。2016年12月，国家发展改革委印发《关于调整光伏发电陆上风电标杆上网电价的通知》，规定2017和2018年的海上风电标杆上网电价不做调整，同时指出，为更大程度发挥市场形成价格的作用，政府鼓励各地继续通过特许权招标等市场竞争方式确定海上风电项目开发业主和上网电价。2018年5月，国家能源局发布《关于2018年度风电建设管理有关要求的通知》，明确规定"尚未印发2018年度风电建设方案的省（自治区、直辖市）未确定投资主体的海上风电项目应全部通过竞争方式配置和确定上网电价"，"从2019年起，各省（自治区、直辖市）新增核准的集中式陆上风电项目和海上风电项目应全部通过竞争方式配置和确定上网电价"，由此宣告海上风电进入"竞价"阶段。2019年5月，国家发展改革委印发《关于完善风电上网电价政策的通知》（以下简称《通知》），提出将海上风电标杆上网电价改为指导价，新核准海上风电项目全部通过竞争方式确定上网电价，不得高于指导价。考虑到我国海上风电资源条件有限，现阶段开发成本相对较高，为保障产业平稳发展，海上风电上网电价调整幅度相对较小。《通知》规定，2019年符合规划、纳入财政补贴年度规模管理的新核准近海风电指导价调整为0.8元/kWh，2020年调整为0.75元/kWh；新核准潮间带风电项目通过竞争方式确定的上网电价，不得高于项目所在资源区陆上风电指导价。

随着风电价格政策的不断完善，政府在风电项目的补贴小时数、补贴年限和补贴标准等方面都做出了明确的规定。为明确风电项目补贴标准，财政部会同国家发展改革委、国家能源局先后出台《可再生能源发展基金征收使用管理暂行办法》《可再生能源电价附加补助资金管理暂行办法》（已废止）、《可再生能源电价附加资金管理办法》等政策，规定风电项目补贴=（电网企业收购价格−燃煤发电上网基准价）/（1+适用增值税）×风力发电量。为减少风电行业对国家补贴的依赖，优先发展补贴强度低、退坡力度大、技术水平高的项目，我国逐步实施风电竞价机制。2020年1月，财政部、国家发展改革委、国家能源局联合印发《关于促进非水可再生能源发电健康发展的若干意见》，规定2021年12月31日未完成并网项目及后续新增项目不再纳入中央补贴范围。同年9月，财政部印发《关于〈关于促进非水可再生能源发电健康发展的若干意见〉有关事项的补充通知》（简称《通知》），首次以文件的形式明确风电项目补贴的"全生命周期合理利用小时数"和补贴年限。《通知》规定，海上风电的全生命周期合理利用小时数为52000h，合理利用小时数内的电量全部享受补贴，超过电量按当地火电基准电价收购，并核发绿证参与绿证交易；风电项目自并网之日起满20年，无论是否达到全生命周期补贴电量，不再享受中央财政补贴资金，核发绿证参与绿证交易。

为继续推动海上风电项目的发展，地方政府可以对各自海域内的项目提供补贴。广东省人民政府于2021年6月发布《促进海上风电有序开发和相关产业可持续发展的实施方案》，为广东省海域内不符合国家补贴条件的项目提供补贴。该省级补贴适用于2018

年底前已完成核准、在2022年至2024年全容量并网的省管海域项目，对2025年起并网的项目不再补贴；补贴标准为2022年、2023年、2024年全容量并网项目每千瓦分别补贴1500元、1000元、500元；补贴资金由省财政设立海上风电补贴专项资金解决，具体补贴办法由省发展改革委会同省财政厅另行制定。2022年4月，山东省政府新闻办发布会上，山东省能源局副局长答记者问时表示，对2022～2024年建成并网的"十四五"海上风电项目，省财政分别按照每千瓦800元、500元、300元的标准给予补贴，补贴规模分别不超过200万kW、340万kW、160万kW。

（2）税收优惠。我国海上风电与陆上风电享有同等税收优惠，即增值税"即征即退"、所得税"三免三减半"，无其他专项税收优惠待遇。

《中华人民共和国企业所得税法》（简称《企业所得税法》）第四章税收优惠第二十七条规定，企业"从事国家重点扶持的公共基础设施项目投资经营的所得"可以免征、减征企业所得税。《中华人民共和国企业所得税法实施条例》（简称《实施条例》）第八十七条对上述规定进一步明确，上述国家重点扶持的公共基础设施项目，是指《公共基础设施项目企业所得税优惠目录》中规定的港口码头、机场、铁路、公路、城市公共交通、电力、水利等项目。同时，《实施条例》规定，企业从事前款规定的国家重点复查的公共基础设施项目投资经营所得，从项目取得第一笔生产经营收入所属纳税年度起，第一年至第三年免征企业所得税，第四年至第六年减半征收企业所得税。为进一步落实《企业所得税法》及其《实施条例》相关税收优惠政策，国家税务总局于2009年印发《关于实施国家重点扶持的公共基础设施项目企业所得税优惠问题的通知》，规定符合要求的风力发电新建项目投资经营所得自应缴所得税的纳税年份起，第一年至第三年免征企业所得税，第四年至第六年减半征收企业所得税。

为提高风电企业投资的积极性，财政部、国家税务总局于2008年联合印发《关于资源综合利用及其他产品增值税政策的通知》，规定销售利用风力生产的电力实现的增值税实行即征即退50%的政策。2015年6月，为鼓励利用风力发电，促进相关产业健康发展，财政部、国家税务总局联合发布《关于风力发电增值税政策的通知》，规定纳税人销售自产的利用风力发电生产的电力产品，实行增值税即征即退50%的政策。

此外，各地方政府也根据海上风电发展需要，相继出台税收优惠政策。浙江省发展改革委于2021年起草《关于促进浙江省新能源高质量发展的实施意见（修改稿）》（简称《实施意见》）并面向社会公开征求意见，《实施意见》中指出要强化财税政策支持，将支持新能源发展列入省级碳达峰碳中和财政政策体系，优化省级发展改革专项资金（可再生能源发展方向）使用机制，对符合条件的风电产品实行增值税即征即退50%政策。广东省实施风力发电项目增值税即征即退50%、大规模增值税留抵退税、企业所得税"三免三减半"等税费支持政策，也为海上风电企业的健康发展保驾护航。

（3）**金融支持**。我国海上风电产业缺少全国性的金融支持政策，主要是当地政府自行出台财政支持政策。地方政府的财政支持多采用项目补贴等方式，进行包括事前补贴、事中补贴和事后补贴等形式。事前补贴如福州市人民政府从2018年开始对入驻福州海上风电装备产业园并参与全球海上风电项目投标的企业，对符合标准的中标项目提供不同金额的资金支持，最高为1000万元；事中补贴如上海市发展改革委和财政局2016年颁布实施的《上海市可再生能源和新能源发展专项资金扶持办法》中规定按实际发电量对项目投资主体给予奖励，奖励标准为0.2元/kWh，奖励时间为5年，单个项目年度奖励金额不超过5000万元；事后补贴如深圳市发展改革委对符合要求的海上风电项目按照专项审计确认的项目总投资的20%予以事后资助，最高不超过1500万元。

（4）**科研鼓励**。在国家政府层面，"十一五"期间科技部拨出专项资金支持相关部门进行近海风电关键技术研发，包括近海风力发电机组系统、3MW海上风电设施的研发等，在"十二五"期间我国政府则大力推动5MW海上风机的研究。地方政府对于海上风电的科研支持多采用"一对一"项目科研资金支持的方式，如上海市、江苏省都颁布了"博士后科研资助计划"，对符合规定的海上风电研究项目提供项目资助；深圳市符合要求的海上风电场施工建设项目、系统接入技术的研发项目可以获得应用型科技研发专项资金支持。

1.3.3 海上风电产业未来发展预判

2022年1月，国家发展改革委、国家能源局印发的《"十四五"现代能源体系规划》中明确提出，要加快发展风电，全面推进风电大规模开发和高质量发展，并鼓励建设海上风电基地，推进海上风电向深水远岸区域布局，风电产业迎来了前所未有的发展机遇期。

在《"十四五"现代能源体系规划》的基础上，多个省份相继发布"十四五"规划征求意见稿。江苏省提出到2025年年底，全省海上风电并网装机规模达到1400万kW，力争突破1500万kW；根据规划，江苏省"十四五"期间海上风电新增装机容量将超过800万kW。此外，广东、浙江分别发布了"十四五"发展规划，福建、山东、辽宁、广西也将相继出台海上风电发展规划，预计2022～2025年，我国海上风电新增装机规模会突破2400万kW，年均新增装机约600万kW，海上风电将进入一个合理增长阶段。

根据国家能源局会同科技部印发的《"十四五"能源领域科技创新规划》，未来我国将把先进可再生能源发电及综合利用技术、新型电力系统及其支撑技术作为重点任务方向，围绕深远海域海上风电开发及超大型海上风机技术、新型柔性输配电装备技术、大容量远海风电友好送出技术等，部署集中攻关、示范试验和应用推广任务，明确技术路线图，支撑可再生能源产业高质量开发利用。国家发展改革委积极部署大容量海上风电机组、海上柔直输电、海上风电实验平台等先进技术研发创新；国家能源局组织开展能源领域首台（套）重大技术装备攻关和示范应用，根据技术装备研制进展和产业发展现状，将10MW海上风力发电机组、国产抗台风半潜浮动式海上风力发电系统成套装备、10～12MW级海上风机专用齿轮箱、海上风电柔性直流输电成套装备等列入能源领域首台（套）重大技术装备（项目）名单，依托能源工程，通过现有渠道，鼓励骨干企业加强重大技术装备研发创新，促进关键技术产业化发展，推进示范应用。

同一行业技术标准方面，国家能源局2011年成立能源行业风电标委会（NEA/TC1），下设风资源预测、风电场规划设计、风电场施工安装、风电场运行维护、风电并网管理、风电电器设备、风电机械设备共7个分标委，覆盖风电全产业链。截至2021年年底，能源行业风电标委会已建立风电标准体系，发布海上风电领域标准40余项。围绕海上风电输变电设备，发布了海上风电场直流接入电力系统用换流器、直流断路器、控制保护设备等标准3项，正在开展海上风电升压平台电气成套设备标准规范的预研工作。未来将进一步统一技术标准，推动海上风电高质量发展。

2 海上风电工程风险与保险

2.1 海上风电工程风险

2.1.1 海上风电工程风险的定义

风险是指在一定时间内，由于系统行为的不确定性（主要指发生了意料之外的事故）给人类带来危害的可能性。这种可能性既可以采用频率（单位时间事件的发生率）表示，也可采用概率来表示（具体环境下事件发生的概率）。这里所指的危害包括经济损失、人员伤亡和环境破坏三个方面。危害不仅取决于某种灾害性事故的发生概率，还与事故所造成的后果大小有关。系统的风险来源于自然灾害、系统的老化和功能的减退、人的组织因素的影响等。通常可以通过判断导致风险的事件是否由人控制，将风险分为自愿的和非自愿的两类。

海上风电建设项目包括从选址规划、可行性研究、工程设计到建设施工、投产运营各个阶段，是高新技术密集型产业。其投资规模大、涉及范围广，开发建设难度高，建设及运营周期长，所处的环境恶劣，导致海上风电工程项目存在较高的风险。海上风电场与陆上风电场相比存在更多风险，特别是其处于条件更复杂、更恶劣的海洋环境中，极易受到风暴潮、巨浪等各种海洋灾害所引起的随机载荷侵袭。除此之外，海上风电场还要面临着海啸、地震以及其他各种威胁。海上风电建设项目风险主要有自然环境风险社会经济风险、技术及管理风险以及项目建设和运维过程中可能存在的风险等。

2.1.2 海上风电工程风险的特征

海上风电工程项目具有和其他工程项目一样的风险特征。

（1）普遍存在、客观存在。风险的普遍性是指海上风电项目的全生命周期内都存在风险。由于海上风电项目的投资较大，建设与运营时间较长，有多种因素会对项目活动造成影响。并且随着项目运营过程的开展，会出现一些预想不到的新的风险，风险会涉及整个项目过程。风险的客观存在是指人的主观意志无法改变风险的存在，不管人们是否认识到风险的存在，只要发生风险的时机成熟，就会爆发风险。

（2）不确定性、可预测性。风险的本质特点是具有不确定性。特定的项目发生风险具有随机性，在多种因素错综复杂的影响下而引发某一具体的风险。对于海上风电工程项目来说，风险的发生是多个不确定因素导致的，风险的发生没有规律可言，许多情况是随机产生的。当然，此种不确定性只是指未来的某种状态，而非完全不知道事物的变化，也不是没有应对策略，因此风险是具有可预见性的，风险的可预测性体现在人们可以能够遵循一定规律预测风险发生的可能及其影响程度。

（3）可变性。在整个项目的实施过程中，随着事件或者活动的进行，产生风险的因素、最终导致的风险、风险的可能性及其可能引发的后果也会发生相应的变化，最终风险以何种形式产生和表现都是不确定的。各种风险因素一旦产生，风险就会发生变化。在项目运行期间，可以通过制定新的风险管理措施或者提高管理水平来控制某项风险，甚至消除该项风险。与此同时项目任何一个时期都有可能发生新的风险，这些都说明风险具有可变性。

另外，海上风电工程项目具有一定的特殊性，与普通工程项目相比具有如下特点：

（1）不可抗力。对于海上风电工程项目来说，在整个项目开展的过程中，环境会不断的发生变化，并且会产生一些新的风险。在海上会面临各种自然灾害，具体的国内国外的经济和政治形势也会影响到海上风电工程项目的风险。对于这些风险来说，很多都是不可抗力产生的，我们很难有效地采取各种措施来回避这些风险，所以这个风险存在不可抗力。

（2）发生自然风险的频率较高。与其他的工程项目相比，海上风电工程项目所面临的自然环境相对恶劣，会在项目开展的过程中面临着许多无法预测的项目风险。海上风电建设项目通常建设在距离陆地10～100km的海域中。这就意味着项目更易受海洋环境的影响。海洋环境中经常发生强风、巨浪、暴雨、地震、台风、风暴潮等自然灾害，不管是建设还是运营阶段，只要出现自然灾害或者环境突变，都有可能引发项目风险。一旦遭遇恶劣的自然灾害，项目的设备会遭受毁灭性的损害，尤其是项目正在运营期间，可能会导致整个项目的报废。不管是对项目运营公司还是对投资者都会造成非常大的损失，而且会造成所在海域的环境污染。

（3）风险因素之间的相关性较大。由于海上风电工程项目的特殊性，不仅各建设环节均存在较大的风险，且各环节的风险存在较大的相关性，前期的风险会影响到后续工程的风险。比如地质勘测、项目场址规划、设计结构、建设施工、安装设备、项目投入运行等各个阶段都存在较大的风险隐患，不管哪个环节的风险发生都有可能对后续环节造成影响。另外，自然灾害的发生并不是单一的，自然灾害之间往往存在关联性，一种灾害会引起另一种灾害的产生。比如台风会引起狂风、巨浪、暴雨等，所以说各种风险因素之间存在关联。

（4）风险具有阶段性的特点。海上风电工程项目各个阶段存在不同的风险，且各阶段风险管理的重难点也有所不同：首先在前期可行性研究、设计阶段主要把握好市场需要、政策以及风资源评估方面风险；其次当项目进入建设阶段后，应注意施工过程中所可能出现的各种风险，将做好船舶管理、项目进度、施工安全、工程质量等工作作为风险管理的重点；最后是运营阶段，项目的运营期普遍达到25年以上，涉及的主要风险大多源于环境因素的影响导致的设备故障风险、运维人员安全以及海上交通风险等。

（5）安全管理能力低。海上风电工程项目具有多点、长线路、宽区域等特点。安全管理涉及承包商管理、过程管理和各种支持服务。目前，我国风电事业正处于快速发展时期，风电场建设周期短，注重建设规模和速度，许多安全控制措施和安全策略在运营过程中未能有效实施。海上风机及基础结构复杂，施工工序多，工期紧，交叉作业经常性存在，大大增加了安全监管的难度。海上风电场安全管理现行的制度和手段，在海上风电施工环境下显得专业性欠缺，有些水土不服，很难有效地保证固有安全。

（6）海上风电工程项目风险应急处置的通达性差。海上风电工程项目远离陆地，海上交通及通信条件差，一旦发生风险，海上应急救援及处置通达性、及时性差，比如风机在大风天气发生故障着火，风机内自动灭火装置失效，由于大风海况交通船及直升机均难以到达现场进行抢救，会导致风险后果异常严重。这也是此类项目风险较高的主要原因。

2.2 海上风电工程风险管理

风险管理是研究风险产生规律以及风险控制方法的管理科学，指个人或者组织等风险管理单位，以降低或规避风险的不利后果为目标，通过风险识别、风险衡量、风险评价等方法，选择合适的风险管理技术与工具，对风险实施有针对性的控制，并妥善处理风险带来的不利后果或损失的过程。对于企业来讲，有效的风险管理可以预防安全事故的发生，减少人员的伤亡和财产的损失，有利于企业经营活动的稳定开展。

2.2.1　海上风电工程风险管理的目标与流程

明确风险管理目标是有效开展风险管理工作的前提。通常情况下，按照风险管理的时间维度可划分为风险发生前的管理目标和风险发生后的管理目标。

风险发生前的管理目标是指风险管理单位结合自身情况，对可能发生的不确定事件进行提前分析和预防，采用科学、经济、合理的手段，降低不确定事件的发生概率甚至完全规避，减轻风险事故对企业和社会的不利影响。

风险的客观存在性等特征说明了风险无法被彻底消灭或者完全避免，因此，风险发生后的管理目标是指风险发生后，风险管理单位需要采取相应的管理措施消除纠正引发事故的风险因素，降低风险事故对企业造成的经济损失。

海上风电项目受到复杂海洋环境的影响，高盐雾、台风、海浪、潮汐等恶劣的自然条件均对海上风电机组及海上升压站、海底电缆等配套设施的安装、运行和维护管理提出了严峻的挑战。与陆上项目相比，海上风电项目需要更高的安全性、可靠性、可达性和可维护性，风险管理应贯穿于项目规划与设计期、建设期与运营期的全生命周期。在项目的决策阶段，借助风险分析的测算结果，重点分析影响项目生存的关键风险因素，判断风险的性质、类型、可能造成的影响及可能采取的措施。管理人员依据风险评估结果，借助风险管理方法，通过技术、工程、管理等手段对风险进行规避、控制和转移。

在项目的全生命周期内，充满了来自于自然环境、安装施工、设备设施、运营维护、运维船靠离与通航等诸多方面的风险。若要海上风电项目获得良好的收益，必须对这些风险有充分的认识和应对措施，避免发生海上安全事故。加强风电场运营风险管理可全面评估海上风电场运营期间的风险特征，并可从风险规律性、周期性和持续性等多个角度综合分析海上风电场风险的识别机制、评估机制和控制机制。同时，风险管理是一个及时修正和持续改进的过程，出现新的风险时，风险管理可以持续追踪风险，并通过有效措施纠正或规避，有助于提高风电场安全管理、经营管理工作的有效性。

风险管理的流程主要包含风险识别、风险评价和风险控制等环节。几个环节周而复始，贯穿工程项目的风险管理工作。

2.2.2　海上风电工程风险识别

风险识别是风险管理工作的首要环节，指风险管理单位有效运用科学的方法和工具，在复杂的环境中尽量系统全面地辨识出可能对企业造成人员、财产损失的风险。风险识别是一项复杂度高且连续性强的工作，需要长期投入精力开展，风险识别工作是否准确有效，将最终影响到风险管理的成果。

结合目前海上风电建设项目的发展情况，以下将从六个方面对海上风电建设项目风险进行分析。

1. 自然环境风险

（1）**气象灾害**。海上风电建设项目受各种气象灾害的影响，如强风、海雾、雷电等。我国东南沿海夏季频发台风，其风速、风向、气压的快速变化影响风电场的正常运行。寒潮大风和强对流天气瞬时大风也会破坏风电场的设备及结构；雷电有可能引发风电场电路故障、火灾等；海雾和低能见度天气极易造成途经船只与风机发生碰撞。

（2）**海洋灾害**。风电场所在海域如发生风暴潮、海啸等海洋灾害，将直接影响海上风电场的建设、运行，甚至有可能毁灭项目，强力海浪的发生也会影响风电场寿命。另外，海洋污染、海岸侵蚀等事件都有可能导致风机无法运行；与此同时，深入海底的风机基础使海底局部形态发生变化，海底地形在海流、潮汐及海浪等因素的作用下可能发生运动，继而影响基础稳定性，甚至危及风机安全运行；盐雾对海上风力发电机组塔筒的影响很大，特别是其腐蚀速度远比陆地环境快。

（3）**地质风险**。地质灾害主要可分为海床稳定性灾害和地震地质灾害两种类型。海床稳定性灾害包括海底滑坡、海底冲刷、海岸侵袭等；地震地质灾害包括海动断层、地震海啸等。海域地震及由此引发的次生灾害都将对海上风电场造成破坏性的损害。

2. 社会经济风险

（1）**电价调整风险**。海上风电目前阶段仍然是国家重点扶持的新兴产业，国家出台相关补贴电价规定，帮助行业健康发展，但是国家会随着海上风电产业的逐步发展成熟，逐渐取消上网电价补贴，因此电价调整也是海上风电建设项目风险因素之一。

（2）**当地居民文化素质**。海上风电项目的建设涉及当地海域及陆域，项目是否被接受很大程度取决于当地居民的文化素质水平，这也是影响项目的风险因素。居民文化素质越高，越能够意识到合理利用风能资源有助于改善环境，为生活提供便利，就会支持海上风电场建设，如果当地居民认识不到这些问题，项目开工建设期就会经常发生阻工、扰工事件，甚至引起与当地的冲突。

（3）**地方政府的产业要求风险**。在税收征管方面，海上风电企业主要采取"三免三减半"所得税，抵扣增值税的政策，早期投资阶段，地方政府的入库税收较低。在此背景下，部分地方政府提出以资源换产业、以产业换税收的方式增加地方税收，明确要求风电机组配套设备只能用当地的产品，不满足要求的风电场不允许开工。如不能及时开工，将影响项目进展。

（4）**项目协调风险**。由于海上风电场项目的特殊性，其往往涉及交通、能源、海洋、军事、环保等各个管理部门。各部门的审批考量、领域特点等方面都存在差异性，因此要注意协调各部门，简化开发审批程序。若出现项目与海上保护自然区、军事用海发生冲突的情况，将不得不调整建设海域位置、范围，项目面临重新规划审批等工作，继而增加建设与运营成本，因此项目协调风险也是海上风电建设项目考虑的风险因素之一。

（5）**经济风险**。经济风险主要包括以下三方面：

1）上网电量。我国沿海地区已经形成了较完善的电网结构，但是局部与海上风电场有关的电网较为薄弱。风电场运行中可能出现由于电网原因而出现无法满功率运行的情况。

2）投资预算。海上风电建设项目的经验数据和规范不足，频频出现海上风电项目实际投资大于投资预算的情况，增加的项目投资难以落实。同时由于加大建设成本，导致项目固定成本占比偏高，降低了项目的盈利水平及抗风险能力。

3）资金筹措。建设海上风电项目需要大量的资金投入，其资金来源除了以借入为主，还包括自有资金、接受捐赠等。资金筹措期间最大的风险源是贷款资金是否可以及时到账。

（6）**政策风险**。受气候、能源问题影响，近年来国家高度重视可再生能源的发展，并积极出台系列优惠、支持政策，如减半征收增值税等。海上风能也属于可再生能源的范畴，相关项目也可享受系列优惠。海上风电产业是一个高度依赖国家宏观政策的产业，国家的政策支持力度决定了产业的发展水平。此类项目普遍具有回收期长、投资大的特点。同时，经营环境变化、宏观政策调整对海上风电建设项目的影响也很大。

3. **技术风险**

（1）**风电机组设备选型**。海上风电项目运行环境恶劣，通达性差，风电机组质量对项目收益的影响尤为突出。海上风电机组选择何种传动方式、何种单机容量将直接影响项目的投资成本、运行效益，这也是其中的潜在风险点。单机容量选择方面，单机容量过大，可能会出现由于技术成熟度不足而发生缺陷进而影响机组运行可靠性的情况；相反，如风机容量过小，则会增加单位千瓦的建设成本，也影响能量转化效率，只有合适容量的风机机型才能形成有效的发电量。

（2）风机基础设计风险。海上风电场基础设计涵盖了岩土、水文、波浪、风机荷载等多个学科，且设计链长、包含的项目繁多。水文、波浪等观测数据以及历史数据的准确性和完整性对桩基础结构设计影响很大。基础设计需同时考虑场区是否存在地震区，综合考虑结构抗震进行设计。深入海底的风机基础会导致海底局部形态发生变化，进而导致海底地形发生运动，在海流、潮汐、海浪的作用下极易威胁基础稳定性，甚至影响风机的安全运行。因此在实际设计时必须充分考虑冲刷对基础的影响。

（3）勘察风险。目前海上风电基础采用单桩基础、高桩承台、导管架基础等型式较多，均需要对机位地质情况进行勘察，国内海上地勘技术多采用原位钻孔取样，勘探仅能代表勘察位置的地质情况，并不能完全代表实际机位的全部地质情况，实际地质情况不均匀性越大，给后期项目施工作业造成的风险越大。另外，勘察的准确性受勘察方法及海上作业环境因素影响较大，勘察结果不准确将给基础设计工作造成错误，从而严重影响项目建设。目前国内数个海上风电项目发生了地质勘察准确性不足的问题，导致项目进展缓慢，建设成本严重超预算。

（4）新技术冲击风险。项目使用技术不符合项目建设的标准、国外的技术标准与国内的技术标准之间存在差异等问题，都需要进行相应的技术变更，但是风电新技术变更的应用会影响项目的计划、进度、施工等，增加项目的风险。

4. 管理风险

（1）管理体系风险。海上风电建设项目时刻需要项目管理体系的运转和支持，现场船舶机械设备资源的投入和调遣、原材料和设备采购、资金筹措、法律纠纷处理、对外协调和联络等都需要项目整个体系的良性运作，一旦管理体系存在缺陷或者运营不畅，将给项目带来巨大风险。

（2）人力资源风险。同其他项目一样，海上风电项目对人员素质、能力各方面的要求均较高。目前国内海上风电发展时间不长，成熟有经验的技术、管理以及作业人员均相对缺乏，是目前海上风电建设项目风险的一个重要内容。

5. 建设风险

（1）设备运输风险。由于海上风电场施工场地在海上，所有设备、构件均需要从陆地运送到海上风机机位后进行安装。海上运输过程受天气、海况以及港口、码头通航条件的影响，运输过程中可能发生设备损坏或丢失等情况。运输中各类意外事件的出现都有可能导致设备损坏，继而造成经济损失。

（2）**施工质量风险**。海上风电建设项目作业环境在海上，单桩基础施工垂直度要求在3‰以内，海床地质条件差的地方打桩存在溜桩风险，因此海上沉桩施工质量控制难度大；海上风机安装控制精度要求高，风机塔架连接高强螺栓紧固力矩要求严格，海上环境下电气设备要求的安装质量严苛，高压电缆接头制作安装质量标准高，安装质量直接影响风机以及整个风电场的安全运行。

（3）**施工安全风险**。海上施工作业属于高风险行业，海上运输、大型吊装、人员上下作业平台、高空作业、海上电气试验都可能发生安全事故，同时存在施工船只数量不足、施工设备种类不全等问题。海上风电工程结构复杂，交叉作业施工经常性存在。海上风电项目建设基建主要涉及钻机作业、船舶起重吊装作业、气割（电焊）作业等特种作业，其中船舶起重作业普遍存在重量大、体积大的特点，因而在施工过程安全风险较大。

（4）**施工船舶风险**。海上风电项目建设过程中，风电场内聚集大量的打桩船、自升式安装平台、抛锚艇、拖轮、海缆敷设船，以及交通船、警戒船、补给船、设备运输船等众多类型船舶，协调调度风险很大。船舶之间的避让、通信机制建立不当，将存在船舶之间碰撞、船舶与已建成的风机基础结构碰撞的风险；自升式安装平台船舶桩腿存在穿刺、倾斜风险；交通船存在海上交通安全风险。因此建设过程中施工船舶风险很高。

（5）**施工进度风险**。海上风电建设项目施工过程易受海上天气和海况的影响，可作业窗口期非常有限，施工安装进度风险极高，很多情况下难以完全按照既定的进度计划完成。

6. 运维风险

（1）**设备故障风险**。设备故障是海上风电项目运行阶段高发的风险。如叶片控制系统故障、变压器故障、发电机、齿轮箱故障，以及海上升压站电气设备、暖通设备、消防设备故障、监控视频设备故障、海底电缆故障等。设备故障给海上风电场的正常运行带来不确定性风险。

（2）**人员安全风险**。运维期间维护人员频繁来往于海上风电场与陆地之间，人员海上登上风机平台、在风机平台内维护作业、高处维修等作业将不可避免地产生人员安全风险。如电击、高处坠落、人员落水、设备伤害等人员安全风险。

（3）海上交通风险。在海上风电场中常需使用运维船和直升机两类交通工具开展运维工作，两类交通工具的运行使用都受到海况、天气的影响。运维交通船是海上风电运维的主要通勤工具，国内目前仍然以普通交通船作为主要运输工具，存在耐波性差、靠泊能力差等缺点，难以满足抗风浪、防撞击、海上施救等安全航行要求。

2.2.3　海上风电工程风险评价

风险评价是指在识别项目潜在风险的基础上，运用科学的统计方法构建风险评价模型，全面评价项目的各因素风险以及项目整体风险水平。在此基础上对各个风险因素进行排序，依据风险的严重程度划分风险因素的等级，明确风险系数相对较高的因素，作为后续风险控制的依据。

实践中一般采用定性或者定量的方法进行项目风险评价，以备决策人在风险管理中做出正确的决策。定性风险评价是评估已被识别的风险的影响以及可能性的过程，常通过咨询专家的意见以确定某风险事件的发生概率及后果。定量风险评价采用统计方法和既有数据库来确定风险事件可能发生的概率及后果。项目管理中也经常用项目管理人员经验和专家的估计与有限数据相结合的方法来评价项目风险。定性与定量方法的选择主要取决于风险评价过程中可获得的信息量的多少。当用于某一评价的统计数据量较充足时，可采用定量的评价方法；当可获得的数据量有限时，通常采用定性的评价方法。具体采用何种方法，除了与管理者对风险的态度有关外，还要综合考虑风险发生的概率、来源、影响程度等因素。

为针对不同的系统进行风险评价，各国学者已发展出了多种评价方法，包括初步的危险分析（PHA）、危险和可操作性分析（HAZOP）、失效模式及其影响分析（FMEA）、故障树和事件树分析（FTA/ETA）等。表2-1和表2-2分别简要列出了风险评价中常用的定性和定量方法。

表 2-1　　　　　　　　　　定性的风险评估方法

方法	说明
安全性审查（safety audit）	识别可能导致意外事故或导致财产损失和环境破坏的设备状态和操作程序
What-If	识别可能导致严重后果的危险
危险和可操作性分析（HAZOP）	（1）识别可能导致严重后果的系统偏差及其产生原因；（2）确定减小这类偏差发生频率和产生后果的措施

续表

方法	说明
初步的危险分析（PHA）	（1）在系统生命周期的早期识别可能导致严重后果的危险因素并加以排序； （2）对排序后的危险因素依次确定减小发生频率和产生后果的措施
风险评估矩阵表	（1）以定性的指标描述危险事件的发生频率和可能产生的后果； （2）以定量的指标描述风险
后果评估及原因后果图	评价后果及产生后果的危险事件序列
采用 Delphi 方法评价预期成本	在不与专家进行个人接触的前提下收集专家意见
失效模式及其影响分析（FMEA）	识别构件（设备）的失效模式及其对系统和系统中其他构件的影响

表 2-2　　　　　　　　　　　　定量的风险评估方法

方法	说明
仿真实验	在一定的时间、空间和循环周期条件下模拟系统或某一操作过程，并获得响应的失效数据
失效模式、影响及危害性分析（FMECA）	识别构件（设备）的失效模式及其对系统和系统中其他构件的影响以及构件对系统失效的重要度
故障树分析（FTA）	确认导致事故发生的设备失效和人因失效的联合作用
事件树分析（ETA）	识别可能导致事故的事件序列（含事件的成功与失败）
成功树分析	保证系统正常工作时所必需的模块功能
事故进程和频率分析	识别初始事件及发生频率、系统失效路径
敏感性因子	计算可能导致事故发生的子系统或元件的重要度因子
模糊随机方法	模糊逻辑和集合论的应用

2.2.4　海上风电工程风险控制

在项目风险分析评价之后，需要针对各项风险制定应对策略和措施，以有效控制项目风险，消灭或者减少风险发生的各种可能性，把可能的损失控制在一定范围内，这个过程称为风险控制。风险控制的目的在于根据已识别的风险发生的可能性、重要性等属性，针对每一项风险制定出相应的控制措施，并根据控制措施进行有效控制，避免风险事件发生时带来难以承担的损失。风险控制的几种方法归纳如下：

风险承担是指承担当前经营管理中可能存在的风险，并自行承担风险发生后的损失。风险承担分为主动风险承担与被动风险承担。各单位在出现以下情形时可以采用风险承担策略：承担可能发生风险的损失低于采取其他方式的费用；风险发生的可能性在本单位可接受的范围内；预测的最大风险损失在承受范围内且较低，并在本单位可接受范围内。

风险规避是指在风险发生的可能性较高以及风险的影响程度较大的情况下，采取中止、放弃某种决策方案或调整、改变某种决策方案的风险处理方式。风险规避分为全部风险规避和部分风险规避。各单位在出现以下情形时可以采用禁止交易、减少或限量交易、离开市场等方式规避风险：规避风险比继续交易或采取其他策略的成本要低；客观环境发生重大变化，且风险规避所造成的损失在本单位可接受范围以外。

风险控制是贯穿经营的整个过程，主要指建立健全制度办法体系和内部控制流程并严格执行，将风险可能性或影响程度控制在一定范围内。各单位应持续完善内部控制制度，所有业务经营活动，在不同层面、不同领域均需进行不同程度的风险控制。

风险转移是指将自身可能遭遇的风险损失，有意识地通过恰当合法的方式，转移给其他经济主体的处理方式。风险转移分为全部风险转移和部分风险转移。各单位在出现以下情形时可以采用保险、产业联盟、业务外包等方式转移风险：采取风险转移策略支付给风险承担者的成本会低于独自承受风险所可能造成的损失；开展本单位核心业务以外的辅助性业务时；资产价值较高，一旦出现问题，会给本单位带来较大损失。

2.3 海上风电工程保险

2.3.1 我国海上风电工程保险现状

我国的海上风电工程保险始于2008年东海大桥海上风电项目。随着该项目的开工建设，国内多家保险公司组成共保体承接了东海大桥风电场的建筑安装工程一切险。目前，进入我国海上风电保险领域的主要是中资大型保险公司，承接海上风电项目的保险公司为降低、分摊风险，普遍采用联合体共保的形式，有些保险公司在承保后为分摊风险，还会与国际再保签订分保协议，将其所承保的部分风险和责任向其他保险人进行保险。

经过多年的发展，国内部分保险公司和保险经纪公司已经积累了一定的海上风电工程保险经验，甚至在其传统陆上风电业务内专门成立海上风电业务部门，积极招聘专业人才，对海上风电的风险和理赔进行专业的培训和培养。

2.3.2　海上风电工程涉及的保险种类

国内外对海上风电工程风险保障有着不同的险种安排。

1. 国外海上风电工程涉及的险种

海上风电工程保险从建设期到运营期，涉及水险和能源险中的许多领域。国际上海上风电工程保险主要包括货运险（Cargo）、船舶险（Hull）、海上建工险（Offshore Construction）、保赔险（P&I）、海上能源险（Offshore Energy）、信用保险、责任保险、保证保险等，分别对应不同阶段的保险主体（如图2-1所示）。

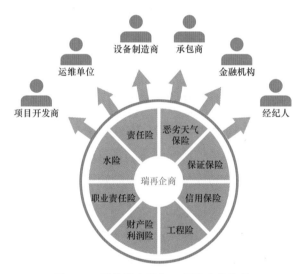

图2-1　国外海上风电工程涉及的险种

2. 国内海上风电涉及的险种

针对海上风电项目，国内保险公司提供了多种保险产品。建设期主要有建筑安装工程一切险（附带第三责任险）、设备运输险；运营期主要有财产一切险、机器损坏险、公众责任险，以及设备厂商可能会购买的产品质量保证保险。

（1）海上风电建筑安装工程一切险（简称海上风电建安险）。该险种承保海上风电项目在建造过程中因自然灾害或意外事故而引起的一切损失。该险种主要预防在建设期可能出现的极端气象灾害对在建海上风电场及临时堆场的设施、设备造成的损坏带来的损失。目前，由于前期国内海上风电项目较少，保险公司对海上风电项目的风险评估过高，导致保险费率居高不下。近几年，海上风电建安险费率一般在5‰左右（抢修工程例外）。当然，费率会受免赔额、赔偿限额、海域自然条件、施工单位经验等因素影响而有所差异。

（2）海上风电设备运输险。该险种是以运输途中的风机机组及其附件作为保险标的，保险人对由自然灾害和意外事故造成的货物损失负赔偿责任的保险。海上风电有别于陆上风电，运输模式包含陆路、水路，水路涉及内河和近海，运输过程中可能会发生设备刮擦、落水、进水等风险。运输险一般由设备运输单位直接购买。

目前，国内海上风电项目设备运输险保单主要由原陆路货物运输险、国内水路运输险及海洋运输险融合衍生而来。根据每一运输工具的最高保额、免赔额、运输路径风险、运输载具状况等，以保险标的金额为基数进行计费，保险费率为1.5‰至5‰不等。

（3）财产一切险。该险种承保的是由于自然灾害或意外事故造成保险标的直接物质损坏或灭失的损失。根据海上风电场所处的海域环境、风电机组基础形式、风电机组可靠性、免赔额等因素确定财产一切险的保险费率，一般在0.6‰至0.9‰之间。

（4）机器损坏险。该险种一般与海上风电场财产一切险搭配投保。主要保险责任包括风力发电设备设计不当，材料、材质或尺度之缺陷，制造、装配或安装之缺陷，操作不良、疏忽或怠工，物理性爆炸、电气短路、电弧或因离心作用所造成之撕裂等。考虑到国内海上风电机组的技术还不够成熟，保险公司在费率方面较为慎重。从目前的情况来看，海上风电机损险费率一般远高于陆上风电，其实际费率可能在3‰至5‰之间。

（5）风电产品质量保证保险。该险种是针对风电设备供应商所生产的成套风机因制造、销售或修理本身的产品质量问题致使风电场遭受的经济损失（如修理、重新购置等），由保险人负赔偿责任的保险。目前，由于对风电设备质量的担忧，保险公司对承保这一险种比较谨慎，所以这一保险保费高昂。除了装机容量较大的机型，国内鲜有风机厂商会购买产品质量保证保险。

2.3.3 海上风电工程保险采购流程

国内海上风电投资基本都是以国有资金为主，保险的采购流程须合法、合规，主要是通过公开招标或者通过经纪公司邀标并展开竞争性谈判确定。

1. 公开招标

海上风电业主在国内公开招标采购平台发布招标公告，阐明项目概况及保险需求。有意向参与承保的保险公司通过公开渠道购买标书后编制标书参与投标。公开招标的方式更加符合国家及企业的相关规定，流程更加公开透明。但对于保险采购而言，公开招标时若对投标人限制较多，可能造成流标；若招标无费率等限制，保险公司可能报出高费率，导致费用超过预算。

2. 竞争性谈判

竞争性谈判是指采购人或者采购代理机构直接邀请三家以上供应商就采购事宜进行谈判的方式。因海上风电风险较大，每家保险公司都有自己的考量，一般多家保险公司会成立共保体来共同承保，且费率、免赔额和承保份额都有不同，不通过商谈很难确定，所以竞争性谈判方式更能符合业主采购保险服务的要求。

保险竞争性谈判将经过初次报价，多轮谈判，最终确定费率及承保份额。再通过保险经纪公司组织完成共保体组成及保险采购流程。

2.3.4　保险理赔流程及情况

目前，国内赔付率较高的海上风电保险出险主要集中在建筑安装工程一切险和财产险，出险的事故原因主要是极端天气或者电网影响造成的。

风电场发生事故后，现场人员应在第一时间通知保险主管和保险经纪公司，确定属于保险责任后向保险公司报案。报案时需提供项目保单号码，并详细阐明事故发生时间、地点、大致经过、事故原因、损失情况、当前状况、损失估计、现场联系人及联系电话等内容。报案后，应进行现场损失统计、形成报损清单，详细统计受损项目、受损数量、损失单价、受损金额等，在统计过程中进行拍照取证。拍照过程中，整体拍照应大致能反映受损数量、受损规模、受损部位所在位置等信息，局部拍照应能反映受损程度。同时，应收集相关初步资料，包括现场的施工资料、设计图纸、会议纪要、气象证明、报警证明、火灾证明等。

报案后，应协助安排事故证人、现场技术人员陪同查勘人现场勘查，现场共同核实事故原因、损失项目、数量、程度等。为尽快恢复生产，减少间接损失，应保留影像资料及事故数据，并得到保险公司同意后可对事故现场进行清理、恢复，但须保留损坏物品。事故修复方案及修复费用等需保险公司认可后方可执行。

理赔人在现场查勘后，会列举案件所需资料清单，被保险人应按照资料清单提交资料，包括但不限于：

1. 索赔申请书

索赔申请书格式由保险公司提供，被保险人按实填写，内容包括出险时间、地点、原因、经过、估计损失金额等。

2. 损失清单（详细损失情况）

损失清单格式可由保险公司提供或自制，列明损失财产名称、数量、程度、单价、损失金额等详细情况。

3. 损失项目及数量的相关依据

工程施工合同、设计图纸、设计变更图纸、设计变更文件、会议纪要、工程数量表、施工/修复方案、施工日志、发票等。

4. 受损财产相关单价依据

工程量清单、单价分析表、施工/安装/采购合同、计量支付资料、发票、收据等。

5. 影像资料

事故照片、录像、监控等。

6. 证明文件

（1）属暴风雨、雷击等自然灾害的，应有当地气象部门的证明；

（2）属火灾事故，应有当地消防部门的证明；

（3）属爆炸事故，应有当地公安、消防部门或劳动部门的证明；

（4）属洪水责任，应有当地水文部门或三防部门的证明；

（5）第三者责任，应由当地公安、交警出具的事故证明。

7. 其他证明资料

会议纪要、第三方报告/检测记录、与第三方赔偿协议及发票、汇款凭证、收款收据等、第三方身份及财产证明文件、第三方损失证明资料。

8. 结案资料

赔付协议及权益转让书、损失确认书。

在建设期出险主要是受台风等极端天气影响。例如东海大桥海上风电二期样机项目，2011年建设期受台风"梅花"影响，导致洋山港陆上临时设施大面积倒塌，堆场部分设备进水，海上基础防撞型钢脱落，事故直接经济损失80多万元，经保险公司核定并扣除免赔额后，实际赔付50多万元。

机组在质保期内发生事故通过事故原因分析，若属于自然灾害意外事故，则保险公司在财产一切险保单内负责赔付；若属于设备质量原因，要么设备供应商承担维修费用，要么保险公司向建设单位赔付后向设备供应商追偿。国内海上风电场在质保期内由保险公司负责赔偿的例子主要还是叶片遭雷击等意外事故，赔付流程较快；设备质量事故较多的仍是由设备厂商负责批量维修更换。

海上风电项目建工期1年后，建设单位在财产一切险的基础上会追加购买机损险。目前，仅有东海大桥一期海上风电项目34台华锐风电机组顺利走过5年质保，后期机损险的执行情况还有待观察。由于保险公司对海上风电风险的顾虑，导致海上风电财产险及机损险费率及免赔额较高。

2.4 海上风电工程风险与保险的关系

2.4.1 海上风电工程风险与工程保险的关联性

海上风电和海上风电保险可以说是互利共生的，海上风电需要保险业的保驾护航，保险业也希望能进入海上风电这个新领域。保险是管控和分散海上风电事故带来的损失风险的重要手段之一。

海上风电工程风险与工程保险紧密相连、互为因果。工程风险是工程保险发展的内在原因和需求，工程保险是工程风险的有效分散途径之一。

1. 海上风电工程风险的存在是产生工程保险的前提

从保险产生的起源可以看出，正是由于风险的存在，出于应对风险事件的考虑，通过购买保险来弥补损失，才有了保险的出现。同样，工程保险的存在也是为了应对工程风险而出现，没有工程风险就没有工程保险。

2. 工程保险是应对海上风电工程风险的一种重要手段

保险是进行风险转移的一种最有效的技术。海上风电工程项目从投资、施工到运营的过程中必然会产生一定的工程风险，且工程量与施工工艺的复杂程度与风险的产生的概率是成正比的。保险是规避工程风险重要且有效的方法之一。通过投保相关保险，可将项目实施过程中可能出现的人身风险、财产风险及责任风险等转嫁给保险人，从而降低自己的风险损失。

3. 风险评估技术和理论是保险决策的依据

作为应对风险的重要手段，只有借助风险评估方法和技术，才能充分认识和了解日常生活中出现的各种风险，进而对于是否投保、如何投保进行决策。在工程保险承保过程中首要的是系统甄别工程风险并确定其风险程度。从而进一步对保险项目、责任、金额、厘定保险率等重要保单条款的额度进行商议与决策。

由此可见，海上风电工程风险与工程保险是息息相关的、相辅相成的，工程风险促成工程保险的存在与发展，而工程保险能有效降低并分散工程风险。面对复杂的工程风险，业主和承包商渴望通过一定的途径将风险转移出去。就风险管理研究的现状而言，风险分散处置的主要途径包括风险回避、风险自留和风险转移，而工程保险就是风险转移重要有效的途径之一。海上风电工程风险管理（包括工程风险分析和控制）贯穿于工程保险的全过程。

2.4.2　保险在海上风电工程风险管理中的主要作用

海上风电工程保险作为风险管理的有效手段，能够适应工程技术复杂、规模巨大、风险集中及多样化的特殊要求，应该成为海上风电工程风险管理的重要途径。工程保险的主要作用表现在这样几个方面：

1. 减少工程风险的不确定性

在工程保险业务中，施工企业作为投保人，往往因为缺乏风险管理经验、资料或忙于施工管理工作，在事故发生前很难对施工安全进行系统的风险管理。施工单位为了减少事故的发生，有得到风险管理服务的需求。对于施工企业，可以通过保险将自己无力防范或无法回避的风险转移给保险人，从而减少风险的影响。对于保险公司而言，由于其承担了大量的保险业务，因而对个别风险的不确定性从更大范围来看可以表现出一定的确定性，根据大数定律可以对期望损失做出比较准确地判断。同时保险公司作为一种专业处理风险的机构，其风险管理水平比一般的业主和海上风电施工单位要高，他们为施工企业提供各种风险管理服务，采取各种防范和应急措施，从而大大降低了工程风险的不确定性。

2. 增强投保人承担风险的能力

海上风电工程保险的基本职能之一就是经济赔偿。项目参与者（包括投资者、业主、项目管理者、承包商、供应商等）只要支付一定保险费，就会在风险发生后得到经济赔偿，从而增强抵御风险的能力。

3. 提高项目各参与方的风险防范和管理能力

海上风电工程保险中的保险公司作为保险人，追求利润的最大化是其主要目的，不仅极不希望事故的发生，而且希望签单前就能够对所承保工程做出正确的风险评估，确定是否承保及合理地厘定保费，在签单后，能够监督保险合同执行情况、提供风险管理服务，帮助投保人控制风险事故的发生。因此施工企业在投保工程保险后，保险公司会向投保方提供各种风险管理服务，包括安全、防灾的教育培训，现场的各项检查，传授有关风险防范的经验等，从而使项目各参与方的风险防范和管理水平得到提高。此外，工程投保后，一旦发生自然灾害或意外事故，保险公司要对事故进行客观分析，明确事故原因、性质，划清各方责任，对各种原因对事故产生的影响进行评价。保险人介入工程过程控制，将增强工程参与各方的风险意识和责任意识、有效控制工程质量、规范建筑市场秩序。

3 海上风电场建设过程及风险

海上风电场的建设过程一般可分为可行性分析、海上风电场勘察设计、海上风电场施工、机组试运行及验收等内容。

3.1 可行性分析阶段

3.1.1 海上风资源评估及风电场选址

海上风电场的选址是在研究海上风电规划和海洋功能区划的基础上，详细调查风能资源分布情况和水文数据，通过风能资源、海域调查、地质调查、电网分析和其他建设条件的分析和比较，排除敏感性因素后，确定风电场建设地点、开发步骤的过程。

海上风资源评估主要包括三个阶段：宏观选址、风资源评价和微观选址。宏观选址主要从国家层面出发，对海上风电整体开发进行规划，一般由气象部门根据历史气象记录分析规划海域的风能资源分布情况，为下一步海上风电开发项目的风资源评价提供基础风资源数据。微观选址则与发电量预测联系紧密。在宏观选址后，一般应根据测风规范在预定场址范围内设立测风塔。测风塔位置的选择要具有代表性，能够反映整个海域内普遍情况，基于这些测风塔的数据再进行数值模拟。

海上风电场的选址需包含以下原则：

（1）项目合规。即符合国家、地区的产业发展规划。《海上风电开发建设管理暂行办法》和《海上风电开发建设管理暂行办法实施细则》提出"两十原则"，即"新建海上风电项目原则上应在离岸（离岛）距离不少于10km、滩涂宽度超过10km时海域水深不得少于10m的海域布局"的要求。

（2）风资源好。年平均风速一般要大于7m/s，年满负荷发电小时数要在2500h以上。

（3）电能送出。要了解当地的电网规划，风电场接入具备可行性。

（4）运输可达。场址周围港口、公路等满足大件运输、材料进场、施工机械、运输船舶的要求。

（5）环境友好。不在相关敏感区内开发风电，避开鸟类迁徙路径、鱼类繁殖区域。

（6）**装机规模。**海上风电投资大，要具备一定的规模效应方具备开发价值，单体开发规模不宜小于200MW（个别离岸较近，不需要新建海上升压站的风电场可考虑100MW项目）。考虑海域使用面积的制约，要优选4MW以上的风电机组。

3.1.2 预可行性研究

预可行性研究也叫初可行性研究，是为项目可行性研究做基础，主要是提出项目外部条件是否满足要求，并提出项目的初步设想及初步匡算，得到一些取证文件。编制预可行性研究报告在流程中的一个主要功能是取得省能源局《关于前期工作的联系函》和国家能源局的《国家海上风电开发建设实施方案》。

预可行性研究报告的内容包含综合说明、工程建设的必要性、风能资源、海洋水文、工程地质、工程任务和规模、机型选择与发电量估算、电气设计、土建工程、施工组织、环境保护、投资估算、财务效益初步评价。

3.1.3 可行性研究

可行性研究是项目申请要求立项的基础文件，主要论述项目的外部条件、环保影响、水土保持、节能减排等，并对项目进行简单描述及提出项目匡算，取得所有审批项目需要的文件。编制可行性研究报告在流程中的一个主要功能是取得项目核准文件。

可行性研究报告的内容包含综合说明、风能资源、海洋水文、工程地质、工程任务和规模、机型选择、布置与发电量估算、电气设计、工程消防设计、土建工程、施工组织、工程建设用海及用地、环境保护、劳动安全与工业卫生、节能降耗、工程设计概算、财务评价与社会效果分析、工程招标、附图纸、施工组织专题和风电基础专题。

3.1.4 预可行性研究和可行性研究的主要区别

（1）**章节安排有区别。**预可行性研究旨在调查项目的初步情况，章节较简单。可行性研究报告旨在分析项目的可行性，章节安排注重项目实际。

（2）**测量勘探有区别。**预可行性研究只要测量1∶50000的地形图；可行性研究报告需要测量1∶10000的地形图。预可行性研究只需完成4个勘探孔，且只需有两个勘探孔进入持力层的深度达到15m以上；可行性研究报告需要完成11个勘探孔，至少有9个勘探孔进入持力层的深度达到15m以上，满足桩基设计和桩端下卧层沉降验算要求。

（3）**研究深度有区别。**预可行性研究只要求提出方案，不需要进行方案比选。可行性研究报告每个章节都要对不同方案进行比选，提出优选方案。

（4）**专题研究有区别。**预可行性研究不需要有相关专题研究报告，可以参考其他资料；可行性研究报告需要有相关专题研究报告作为支持，核准所需的各专题报告、支持性文件意见都要重新汇报，编入可行性研究报告。可行性研究审查过程中，需要并行审查《施工组织设计》和《风电机组基础设计》两个专题。

（5）**图纸内容有区别。** 预可行性研究报告对图纸没有要求；可行性研究报告要求图纸中各设施、各设备具备招标的要求，要求较为详细。

（6）**财务评价有区别。** 预可行性研究报告只是评价初步的经济效益，说明可行性。可行性研究报告要求列出分年度投资、分项目概算表，详细计算出财务评价指标。

3.1.5　可行性分析阶段风险识别

1. 风资源评估风险

海上风资源评估是海上风电场开发的基础环节，所包含的风险直接影响着海上风电场的经济性。对风险估计不足会直接导致风电场实际发电性能低于预期，利润率降低。

风资源评估的基础是来自于各监测点的数据集。中国对海洋开发和研究的历史较短，绝大多数海上风电场所在海域通常缺乏历史风资源数据，而新建海上测风塔的成本巨大，20m左右水深的一个测风塔花费500万～800万元、耗时半年左右，建成后还需要采集至少一年的数据。因此，我国海上风电开发项目常会参考附近其他部门或行业（渔业、气象、海洋、石油、航运、军事等）建立的气象监测设施测得的风数据。这样的做法可掌握尽量多的测风数据，一定程度上提高了风资源评价的准确性，但需要掌握所用监测设施/设备的技术规格、数据处理的方法，具体包括仪器精度误差、测风仪位置、数据处理方式、数据可用率等引发的风险进行估计。卫星反演海面风场和数值模式计算风场也是重要的参考数据，但在使用过程中需要进行数据精度检验。

极端风况是发电机组生命周期的生存条件，是风电场机组选型的关键参数，其风险取决于历史观测数据完整准确和极值概率推算方法合理。

理论上来讲，无限长时间的测量才能完美地反映风资源状况。但在实践中，可用的数据测量与处理结果一般都含有若干由各种偶然因素导致的不确定性，及扰流影响、风险数据处理过程中的风险等。

此外，在根据采集到的风数据进行计算时，常会由于外推、折算、分布和转换过程中所采用的方法和函数本身的缺点而产生系统误差。

2. 政策风险

在政府的扶持政策上，对于海上风电项目来说一方面来自当地部门的支持与优惠，因为在海上风电的建设过程中涉及军事管制、气象预报、航海交通、能源开采等多个部门的交叉审批，手续繁多，文件中转较慢，因此需要当地政府部门打开绿色通道推动项目的建设；另一方面在项目建设的资金贷款优惠、新能源财政的补贴都关乎海上风电项目能否正常开展。

同时，上网电价决定了一个发电企业的未来发展走向，由于风电行业的不稳定性，导致风电上网政策近年来不断变化，形成一定的风险。

3.2   海上风电场勘测设计阶段

海上风电场由于建设在海上，其设计在一定程度上区别于陆上风电。海上风电场设计主要包括勘测、选择机型及布局设计、产能预测、经济性评估及风险评估五个方面内容，如图3-1所示。包括历史气象水文气候要素收集（30年），风电场气象水文观测（2年）。

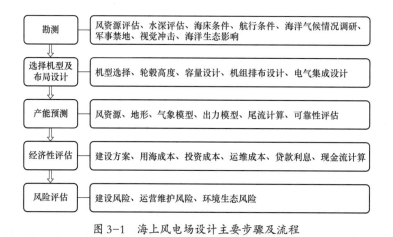

图 3-1   海上风电场设计主要步骤及流程

3.2.1   海上风电项目工程勘测

海上风电场的工程勘测应在收集资料的基础上，查明工程区的气象、水文和工程地质条件，分析评价主要工程地质问题，勘测工作深度、勘测周期和勘测工作量应与相应设计阶段的工作要求相适应。主要勘测内容包括海洋气象观测、海洋水文勘测、工程地质勘察、工程测量、工程物探、工程钻探、岩土试验与测试、现场检验与监测等。勘测工作范围应包括风力发电机组、海上升压站或陆上升压站、海缆路由、集控中心等各建（构）筑物相关的区域。勘测结果应按阶段编制并提交勘测报告。

1. 海洋气象观测

海洋气象观测可为海上风电场的风能资源评估、工程设计及建设提供基础数据，包括长期海洋气象测量和短期风速与风向测量。长期海洋气象测量持续时间不应少于2年，观测位置应具有代表性，观测要素应主要包括风速、风向、气温及气压。短期风速与风向测量应在全潮水文测验期间进行，测量位置应根据水文测验要求确定，观测要素应主要包括风速、风向。

2. 海洋水文勘测

海洋水文勘测可为海上风电场工程的规划、设计、施工和运营提供合理可靠的水文勘测成果。海洋水文观测项目应主要包括水位、波浪、海流、悬移质含沙量、水温、盐度、海冰、水深、底质、风速、风向等，具体观测要素应根据任务要求确定。水文分析计算应以工程海域的水文观测资料和附近海域水文站、专用站、海洋站的历史资料为主要依据，分析计算中引用的基础资料应进行可靠性、一致性和代表性分析，计算成果应进行合理性分析。

3. 工程地质勘察

海上风电场工程地质勘察应根据所在海域各建（构）筑物的布置、类型和规模，以及水深、地形地质条件的复杂程度、各阶段勘察任务和要求，综合运用多种勘察手段，合理布置地质勘察工作。设计阶段的工程地质勘察工作可分为招标设计和施工详图设计两个阶段。

招标设计阶段工程地质勘察应在可行性研究的基础上进行，查明风电场各风电机组、海上升压站或陆上升压站、海缆路由、集控中心等各个建（构）筑物的工程地质和水文地质条件，对基础的详细设计提出地质建议，为招标文件编制和施工详图设计提供工程地质资料。

施工详图设计阶段工程地质勘察应检验、核定前期勘察成果，对施工过程中出现的工程地质问题提出处理建议，补充论证施工期专门性工程地质问题，对完善和优化设计、建设实施提出工程地质建议。

4. 工程测量

海上风电场工程测量的主要内容应包括平面控制测量、高程控制测量、水位控制和地形测量。

5. 工程物探

海上风电场工程物探的主要内容应包括水下障碍物探测、水下管线探测、海底微地貌及地质结构探测。根据探测目的、任务要求、海况、地质条件、地球物理特征等条件，可选用侧扫声呐法、多波束法、电磁感应法、海洋磁法、水域地层剖面法、水域多道地震勘探法和测井等方法相结合进行综合探测。

6. 工程钻探

海上风电场工程钻探是获取地表下准确地质资料的重要方法。钻探作业前，应收集工程勘察区域的气象、水文、地形、地质、航运及障碍物分布等基础资料，并依据钻孔任务书要求进行技术与安全交底。

7. 岩土试验与测试

岩土试验与原位测试的项目和方法应根据岩土性质、设计需求和试验方法的适用性确定。岩土试验一般为室内试验，包括土的物理性质试验、土的力学性质试验、岩石试验等内容。

8. 现场检验与监测

现场检验与监测应根据工程性质、岩土条件及周边环境复杂程度采用现场观察、试验、量测等方法。开展监测前，应提出监测方案，内容宜主要包括监测目的和要求、监测项目、测点布置、监测仪器与方法、监测精度、监测频次和资料分析。现场检验应主要包括海底面高程、岩土层分布及均匀性、持力层埋深和特性、桩基承载力。现场监测内容应根据项目特点、工程地质条件、设计要求、施工工法、承压水及环境条件等因素综合确定，主要包括建（构）筑物地基的沉降和水平位移、海底面高程变化、不良地质作用。

3.2.2 选择机型及布局设计

对于设计方或是风电场业主来说，应根据目标海域的风能资源、水深情况及海床土壤条件等特点选择合适安装于该地区的风电机组，并继而根据风电场的投资规模进行容量设计，以达到最大发电量为目的进行机组排布设计，并采用合适的电气集成方案。

1. 海上风电机组选型与设计

海上风电场风电机组的选型需要综合考虑海洋的海浪、气候条件和海床底泥性质等因素，但有时候由于海洋条件的特殊性也会要求海上风电机组生产商有针对性地进行机组的设计。海上风电机组由于安装在复杂的海洋环境下，需面对高盐雾浓度、热带气旋、海浪等恶劣自然条件，因此其选型、设计和安装有别于陆上风电机组，其特殊性体现在风电机组适应海洋性气候和不同海床特点的基础设计与施工、整体防腐蚀与密封设计、抗台风设计、更加着重的可靠性设计、发电能力优化设计及可维护性设计等方面。如图3-2所示，影响机组设计的外部影响因素包括海洋风资源条件相对陆上风资源条件的特殊性，塔筒所受海洋流波浪、冰冻及洋流的冲击影响，不同海域海床所具有的不同土壤性质对地基建设产生的不同的要求等。

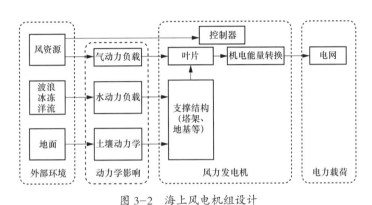

图 3-2　海上风电机组设计

2. 海上风电场电气一次系统设计

海上风电场电气系统可以分为一次系统和二次系统。一次系统由海上风电机组、海底电缆、海上升压站、高压输送电缆、陆上变电站等组成。风电机组发出的电能由海底电缆汇集到海上升压站，升压站出来的高压电经过高压电缆输送到陆上变电站进一步输送到电网或者向负荷供电。电气二次系统主要指的是风电机组和变电站的监控系统。

海上风电机组发出的电能通过分支电缆汇流到母线上，再通过升压站将电能向远程输送。海上风电机组与升压站之间可采用不同的拓扑形式进行互联，其中主要分为链形、环形和星形三种组网形式。对每一种的拓扑形式又可以采用不同的开关配置方案，一般可以有三种选择：传统开关配置、完全开关配置和部分开关配置。选择哪一种拓扑形式及开关配置方案都是基于海上风电场集电系统设计的原则，即在冗余性、可靠性和成本之间做最优的选择和平衡。

此外，海上风电场电气一次系统设计还需要对主要电气设备进行选型，包括箱式变压器、消谐装置、动态无功补偿装置、断路器、机组用电系统、过电压保护、接地系统、照明系统等。海上风电场电气一次设计中需要注意的问题包括短路电流计算准确性、箱式变压器选择合理性、预计电力电缆故障及施工风险准确性等。

3. 海上风电场集成

风电机组在机舱底部配置变压器将风电机组发电机输出的690V交流电升压到33kV，通过集电线路汇流到海上升压站，在海上升压站完成电压二次提升，再通过高压海底电缆输送到陆上升压站，然后再连入电网。海上及陆上升压站主要配置变压器、隔离开关、断路器和应急交直流电源等设备。

海上升压站的设计主要根据其有效性、可靠性、灵活性和经济性四个方面进行。首先，海上升压站要根据海上风电场的总容量，保证电压等级的有效升级，安全有效实现电能变压和传输的目的；其次，海上升压站可靠运行，保证电力生产的有效性是一个重要的前提；再次，海上升压站及其电气系统设计需要有一定的灵活性，能应对电力系统不同的运行状态，能够适应不同的运行方式，降低其故障率或者对故障有快速修复和响应、切换能力；最后，海上升压站的设计需要考虑经济性的要求，保证海上风电场的经济收益，提升风力发电的竞争力。除此之外，海上升压站的基础设计还应考虑不同的安装方式的可行性。

4. 机组排布设计

海上风电场的布局设计受到四个主要因素的制约：海上风电场许可条件、尾流影响、场址条件和成本考虑。

（1）**海上风电场许可条件**。风电场许可条件一般是基于审批过程中的影响因子进行评估，通常涉及航行的安全性、海底噪声、电网容量等，对风电场场址边界、限制最大容量、叶片顶端高度和/或转子直径进行限制。这些限制将对风电机组选型、基础设计及安装方法的制订有决定性的影响。

（2）**尾流影响**。海上平均风速比陆上平均风速高，由于地表比较平缓，湍流相对小，但是机组尾流的影响却是不可忽略的。尾流效应造成的能量损失对风电场的经济性有着重要的影响，处在完全尾流区的风电机组的功率损失可达30%～40%，考虑不同风向的平均值后损失仍可达5%～8%。

（3）**场址条件和成本考虑**。底泥成分对海上施工作业方案有一定的影响，因此海上风电场应当选择在风资源较好且海床条件适合施工的地点。同时，海上风电场的布局还需要考虑增加年发电量，降低度电成本。

海上风电机组的排布一般可以采用规则排布方式和错位排布方式，如图3-3所示。

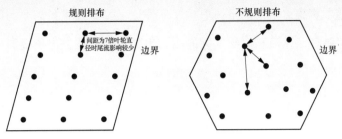

图 3-3　海上风电机组排布设计

3.2.3　海上风电场发电量预测

海上风电开发的发电量预测是对风电场建成投运后的年发电量进行预测，直接影响着海上风电运行期间年经济收益率的估算，对海上风电开发的投资决策有着非常重要的影响作用。发电量预测基于风电场规划进行，因此会随着风机型号、风机布置、电气设备、检修维护和限电情况的改变而改变。

风电场微观选址（即风机布置）是发电量预测的基础工作，许多微观选址中的风险因素将直接作用于发电量预测的准确度。由于气象资料的时空分辨率和完整性方面具有一定局限性，高分辨率气象模式及有限元分析软件也经常被用到风电场微观选址工作中。目前，最常用的风电场微观选址的软件包括WAsP和WindPro等，但其计算结果仅考虑了不同空气密度所带来的风险因素，没有针对海上风资源进行风速模拟，数据处理误差、测量器械自身误差和数据可用率也在一定程度内存在。近年来，逐渐有一些技术用风资源CFD（计算流体力学）模型取代线性模型（如WAsP），基于大型计算进行CFD高级风资源评估及微观选址。

3.2.4　海上风电场成本分析

海上风电项目的成本根据离岸距离、水深、并网建设等各方面差异产生一定不同，相对于陆上风电来说，海上风电开发成本更高，主要体现在以下方面：

（1）基础建设更加昂贵。陆上风电项目中，基础建设支出一般占总成本的4%～6%。海上风电项目的基础建设成本上升到总成本的20%左右，且不同的水深和基础建设方案可能使基础建设成本占比更高。

（2）建设技术不成熟导致高成本和低可靠性。海上风电技术仍然处于探索和发展的阶段，因此对某些技术难题仍然难以解决或需要用高价对核心技术进行购买从而提高了项目的成本。另外，对潜在问题的认识不仅会导致后期项目可靠性降低，从而降低发电量，也会增加项目的风险。

（3）运营成本更高。由于海上风电位于海洋区域，运营维护需要的船舶和技术相对陆上风电成本都要高，风浪和海洋气候的制约也对运营维护提出了更高的要求，因此维持海上风电运营维护的低成本仍然是一个挑战。对于目前的海上风电，运营维护成本可占总成本的30%。

（4）机组之间的电力连接和海域与岸上的电力传输提高了项目成本。海上风电项目需要通过海底电缆将不同的机组连接在一起，海底电缆的敷设需要额外的支出。随着海上风电向深海区发展，离岸距离越来越大，为减少电能传输的损耗，不但需要建设海上升压站进行电力传输，还需要对海上升压站进行防潮、防盐雾设计等，这些都进一步要求增加了项目的成本。海上风电场的电力传输建设有时占到总投资成本的21%。

（5）风电场对海洋环境的影响需要更严格的监控手段来获得。海上风电场获取海洋生态和通信环境等的影响情况，需要采用先进的海上监控和通信手段来实现，这些随着技术的发展有望在未来降低其成本。

（6）海上风电场由于其更高的不确定性可导致更高的项目风险。因此，海上风电场在设计阶段应当更加谨慎，针对海上风电应用的风电机组设计也应当经过更加全面的测试、考虑的因素应当更多更全面。

3.2.5　海上风电场勘察设计阶段风险识别

1. 勘察风险

海上风电场勘察作为海上施工的前期工作，需要将海上风电场建设海域的海洋环境、土壤环境等一一考察清楚，以便于做出适合该种环境下的海上基础的施工方案。如若勘察不慎则可能导致后期海上基础施工工作的方案的改变，导致整个施工工期的改变以及经济效益的损失。

勘察作业过程中存在的风险主要包括地震导致勘察工作无法进行，或地震导致勘查工作需重复进行；风浪大小与气象预报不相符；钻孔施工过程中涨潮潮水和退潮潮水方向不一致，使海面涌浪迭起，造成钻探平台摇摆晃动，影响正常施工，也给海上施工人员、设备以及勘探船的安全带来威胁；恶劣天气条件导致无法进行勘探工作；作业人员触电；作业人员发生高处坠落；作业人员落水；船舶走锚；火灾；发生险情等。

2. 设计风险

工程设计是海上风电建设项目的关键，工程设计的好坏直接影响到项目的质量、投资以及建设进度。海上风电场设计阶段虽投入的资源相对较少，但其各个环节有很多风险因素存在，且具有不确定性更大、可预测性更弱、来源多样且可变性更大的特点。一旦发生此类风险，将影响项目的全过程。

设计阶段主要存在的风险点包括设计人员专业度不足，对设计内容范围不清，对业主要求理解不够，技术方法不过关；设备调查资料有误，设备选择不当、质量不达标；选取的材料和工艺不明，材料选择不合适、质量不合格；设计方案与政府规划、规定发生冲突，未遵循客观设计规律，不满足国家风电场设计规范，设计方案、设计说明书不合理，相关项目数据资料收集不完整等。

3.3 海上风电场施工阶段

除前期的项目审批准备、风电机组选型及相关设计等环节外，海上风电场建设主要包括输变电系统施工、海上风力发电机组基础施工及机组吊装、调试等内容。根据每个项目的不同情况，海上风电场的施工流程可能有所不同，主要体现在海缆敷设作业上，有的项目会在机组安装完成后进行海缆敷设及连接，有些项目会在机组安装完成前就已完成海缆敷设。以海缆敷设在机组吊装前进行的情况为例，海上风电场的施工流程如图3-4所示。

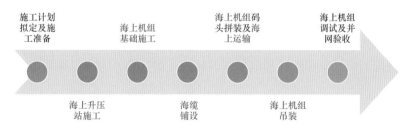

图 3-4 海上风电场施工流程

3.3.1 施工计划拟定及施工准备

海上风电场所处环境及气象条件大多变化多样，时常给建设施工带来困难，因此，充分了解现场施工条件，根据项目特点及所采用的风力发电机组的施工要求科学地制订施工计划，提前做好完善准备和预案，对于保证施工进度、质量及安全至关重要。

海上与陆上类似，秋冬季为大风季，夏季又容易受到热带气旋影响，可施工时间（即作业窗口）非常有限，通常在低风速、低浪高期进行施工作业。一年中最好的施工时间通常在4~9月，个别地区也会有所不同。项目施工计划的制订主要是基于每项作业需要的时间窗口长短和现场可作业天气窗口情况，同时需要考虑偶然情况以及恶劣天气造成的工期延误。

海上风电场的施工需要不同类型的施工船舶共同参与，而海况和风况对于不同运输船及安装船的影响是不同的，因此在拟定施工计划时应充分考虑实际船舶的作业能力和抗风浪情况，了解施工海域的气候窗口。受环境影响，海上风电场施工进度计划在执行过程中可能变化很大，出现进度偏差的概率较高。在项目的执行过程中，一般每周会对施工进度计划的执行情况进行检查和监督，将实际进度与计划进度进行比较分析，一旦发现进度偏差，则必须相应调整进度计划。进度计划调整的前提是确保施工总工期和各节点的控制点不变，通过分析原因，制定相应的调整方案。

除了施工计划的拟定，在正式工程建设开始之前还应做好各项完善的施工，这将直接关系到工程能否如期顺利开工，能否保证施工的连续性、过程中的安全性，进而关系到能否保证工程的如期投产。

1. 组织机构的建立

成立项目部，项目经理、技术负责人、各班组的主要人员提前进驻现场，对现场进行熟悉并开展各方面联络工作。

2. 技术准备

（1）原始资料调查分析与收集。在业主提供的招标文件基础上进一步收集工程的初步设计资料、制造厂资料、业主和监理的管理要求等，认真进行研读、消化，迅速了解本工程的情况，向气象和海洋部门了解气候施工窗口期，为施工策划工作的开展做好准备。

（2）熟悉图纸，进行图纸会检。施工单位组织各专业技术人员、质量管理人员，认真学习合同内容、施工图纸、施工规范、操作规程以及标准等。

（3）质量保证策划及风险源。根据管理程序的要求，并结合工程的特点，通常需编制《风力发电厂风机安装工程质量计划》，编制各关键节点的作业指导书，并逐级做好技术、质量、安全交底工作，做好各种风险预案。

3. 通信准备

人员一进入现场，为保障各工种之间的联系畅通，需准备好对讲机。

4. 生活设施

风电机组安装船上配有宿舍、厨房、餐厅和浴室等生活设施，以供作业人员饮食起居。

5. 施工用电布置

施工现场需要配备柴油发电机或汽油发电机来供给电能。

6. 施工材料

准备现场施工材料包括钢丝绳、尼龙吊带、链条葫芦、卸扣、道木、对讲机、扳手、手枪钻、电动角向磨光机、砂轮片、橡皮线、接线板、断线钳、压线钳、电缆剪、常规组合钳工工具、常规组合电工工具、专用吊装工具等。

7. 主要施工机械和船舶

施工机械（根据项目条件和要求不同）：履带吊、汽车吊、半挂车等。施工船舶（根据项目施工方案和资源不同）：自升式安装船、平底驳船、起重船、锚艇等。

8. 试验、检测仪器与工具配置

相序表、试验变压器、绝缘电阻表、万用表、接地电阻测试仪、经纬仪、水平仪、力矩扳手、液压扳手等。

9. 施工力量配置

配置相应数量的管理人员、起重工、安装工、操作工、驾驶员、电工等。

3.3.2　海上升压站施工风险识别

海上风电场施工建设通常从升压站的施工开始。由于大部分海上机组变压器侧的电压为35V，对于较大容量的海上风电场（100～500MW），当机组离岸距离较远时（通常大于10km），若继续使用35V电压进行传输，对于电能的损害较大，因此需要建设海上升压站（电压从35V上升到110kV/220kV）。对于规模小且离岸距离较近的海上风电场，只需建设陆上升压站，可大幅降低建设成本。

海上升压站主要由下部钢结构基础以及上部电气模块平台组成，通常使用大型起重船进行吊装，如图3-5所示。海上升压站下部基础的施工工艺与风电机组基础施工相似，故面临的风险也较为类似，但上部组块结构及吊装工艺与风电机组区别较大。

为减少海上作业，在具备大型浮吊船的条件下，海上升压站上部组块平台一般采用陆上总装的方式，整体组装完成后运至驳船上固定，再利用拖轮将驳船拖运至海上升压站基础位置进行安装。施工环节主要包括三个方面：

图 3-5　海上升压站安装

（1）海上升压站上部组块装船。目前大尺寸、超重量的海洋工程结构组块大部分属于海洋石油类设施，体型庞大，重量多超过5000t级，采用滑道滑移装船的方式，在滑移装船的过程中，需要不断对驳船进行调载，使驳船顶面与滑道处于统一高度。海上升压站上部组块在采用滑道滑移装船过程中，可能发生的风险包括滑道摩擦力太大，导致拖拉困难；天气变化较快，码头滑道与驳船滑道无法对正；船舶压载系统与绞缆机负荷不满足安装要求；绞缆机用力不均，造成平台偏移，并卡住滑靴等。针对这些风险，应重点设计拖曳滑移系统与驳船压载，解决装船过程中力的平衡问题与对接问题。根据对国内主要海工结构大件物资的调研分析，对于3000t以下的海上升压站上部组块，因其重量相对较轻，尺寸面积相对有限，可采用大型起重类船只进行陆-水浮式起重吊装，不仅施工费用相对较低，同时对安装、调试所配套的场地设施资源要求较低，使用时间短，因此，可采取起重船陆-水浮式起重吊装的模式进行海上升压站上部组块装船工序。

（2）海上升压站上部组块海上运输。海上升压站上部组块作为一个整体结构，体型较为高大，在运输过程中受天气、海况等影响较大，存在出现整体倾覆的风险，在运输船舶的选择上应尽量保证升压站上部组块的整体边界在船舶型宽范围内，尤其应保证底部4根主柱位置在船舶型宽的有效范围内。除了通常的天气、航标风险外，潜在的风险主要有：组块平台的临时支撑或固定方式不合理，造成结构或设备损坏；绑扎设计未考虑到极端工况，造成结构与电气设备损坏或翻落；拖轮发生故障，导致运输组块平台的驳船失控漂移；线路选择不合理，导致运输时间过长或遇到意外。为防范以上风险，主要是要做好运输前的准备工作，尤其是组块平台的临时支撑与绑扎焊接工作，必要时需要分析运输过程中的疲劳问题，对长距离运输，需做好路线选择，并尽量避免经过恶劣海况的海域，或者停船靠港，等待良好天气。

（3）海上升压站上部组块海上安装。海上升压站上部组块海上安装主要有浮托法和起重船吊装法两种方式。目前国内多采用起重船吊装法，即采用大型起重船从运输船舶上将钢结构平台起吊，再安装到基础结构上。升压站上部组块的起吊方案是整个海上升压站施工的重点，因上部组块各层中布置的设备重量与位置不一致，使各层块重心与形心的位置无法统一，最终导致整个上部组块的整体重心与形心无法统一，因此起重吊装方案应考虑分层设置吊点、单层至整体组合计算、设置上部吊架等方面。吊装过程中需着重考虑的风险点包括因操作失误或其他因素意外吊重坠落而导致的组块结构及船体结构损伤；潮位、风浪等的影响；吊装的"硬着陆"问题等。

连接风电机组、风电机组与海上升压站的电缆敷设工作通常在海上升压站施工完成后，与机组吊装同时或在其之后进行。

3.3.3 海上风电基础施工风险识别

海上风机基础的选择主要取决于水深和海底地质条件等因素，不同类型基础的施工工艺有很大区别，所需要的施工船舶、设备以及施工时间、施工成本也大不相同，根据现场条件，一个项目也可能出现多种不同基础类型并存的情况，这就给基础施工建设提出了更高的要求。但无论选用哪种基础类型，通常海上风机基础安装水平度要求小于3‰。

由于海域地质条件比陆上复杂得多，在基础安装的准备阶段需进行充分的地质勘探，常用的勘探手段包括海底扫描、触探试验和岩心钻探。由于地质勘探难度大，准确性受到影响，使得后续施工存在较大的风险。国外海上风电施工过程中曾发生过穿底事故，顶升式平台发生倾斜，面临整体倾覆的严重风险。有一些基础安装的事故往往源于对海域地质、海洋潮流等施工条件的认识不足，事故案例包括复杂的地质条件造成打桩时基础倾斜从而影响其承载力；涨落潮形成的高度差使得基础安装时出现海水倒灌；错误勘探了地质持力层的深度使得埋设的基础不够深，从而降低了机组塔架的稳定性等。

常见的海上风电基础主要包括以下几种类型：

1. 重力式基础

钢筋混凝土重力式基础通常在陆上预制完成后运输到现场进行安装，如图3-6所示。此类基础结构简单，但承载力较小；制造工艺简单。重力式基础质量达数千吨，尺寸较大，需要动用大型驳船及浮吊进行安装。同时对海床要求较高，在沉放之前需对机位点海床进行处理，海上调平困难。此类基础适用于天然地基较好的区域，不适合软地基及冲刷海床，目前在国外早期小容量机组的海上风电场中有应用经验。

图 3-6　重力式基础

2. 筒形基础

筒形基础是利用基础内外压力差进行安装固定的一种海上基础结构形式，如图 3-7 所示。其结构简单，多为全钢或钢混结构，制造工艺简单。此类基础安装工艺的最大特点是无需打桩，安装和拆除工艺简单但调平困难，目前在国外风电场测风塔上有实验应用，国内暂无长时间大容量机组的应用案例。

图 3-7　筒形基础

筒型基础的沉放安装对控制精度要求极高，在整个安装过程中，对基础的检测与调平是沉放成功的必要条件。运用起重船进行起吊、下水与定位安装工作时，需注意吊机的起吊能力及设备完整性，避免因操作失误或其他因素意外吊重坠落。安装时常需要安排潜水员配合水下对接调平及灌浆施工，需注意人员水下作业的安全风险。

3. 单桩基础

单桩基础是单根大直径的管桩，可直接利用液压锤打入海床以下，是目前在海上风电领域应用最多的基础形式。其结构简单，制作方便，施工工艺也最为简单。由于液压锤的能力有限，目前单桩基础直径通常限制在6m以下。同时，单桩基础质量随着水深增加又大幅增加，给施工安装造成了困难，故目前单桩基础在海上风电领域的应用极限水深在40m左右。

单桩基础施工主要包含钢桩基础码头装船、海上运输、基础翻身及沉桩、打桩作业等内容。

（1）码头装船。根据码头设备条件，单桩基础装船可采用不同方案：

1）使用岸上重型吊机进行基础装船，多在使用无吊机的大型运输驳船运输时采用此方案。需着重注意的风险点包括码头吊机的可作业范围；吊机所在码头周围的承重能力；吊装过程中管桩与船舶以及船舶上层结构物的碰撞风险；吊机的起吊能力及设备完整性；潮位变化引起的船舶升高和下沉运动等。

2）使用安装船配备的大型吊机装船，多在使用配备吊机的大型运输船或自升式安装船进行运输时采用此方案。由于此类施工船舶的甲板面积一般比专用的大型驳船小，故这种方案可装载管桩数量少，但对码头吊机及码头的承载能力的要求相对较低。需着重注意的风险点包括吊机的可作业范围；吊装过程中管桩与船舶以及船舶上层结构物的碰撞风险；吊机的起吊能力及设备完整性；因操作失误或其他因素意外吊重坠落而导致组件及船体结构受损的风险等。

3）使用自带动力式运输模块装船，可在使用大型驳船运输时采用此方案，如图3-8所示。这种方案需要在码头和驳船之间搭建运输经过的桥板，可以实现从堆场到驳船甲板的直接运输。但这种装船方案对潮位变化非常敏感，在装船过程中必须严格把控安全。

图 3-8　单桩基础码头装船

（2）**海上运输**。单桩基础海上运输方式一般包括运输船运输、安装船运输和浮托法三种，图3-9展示了运输船运输的作业情况。需着重注意的风险点包括单桩基础的临时支撑或固定方式不合理，绑扎设计未考虑到极端工况，造成基础损坏或翻落；拖轮发生故障，导致运输基础的驳船失控漂移；线路选择不合理，导致运输时间过长或遇到意外。

图 3-9　单桩基础海上运输

（3）**基础翻身及沉桩**。单桩基础翻身时需要使用两个船上的起重机分别吊起单桩的上下端，通过调整两端起吊高度将单桩调整为竖直状态。随后，由主吊机吊住单桩移向定好的打桩位置，利用其自身重力下沉，并利用抱桩器上的传感器和检测设备校对垂直度。

单桩翻身定位时主要利用吊机吊住单桩外壁上焊接的吊耳进行翻身和移动,如图 3-10 所示,现已有很多项目使用专业的单桩基础翻身吊具或船上的专用单桩基础翻身支架来进行管桩基础的翻身定位。吊装时需注意吊机的起吊能力及设备完整性,避免因操作失误或其他因素意外吊重坠落而导致组件及船体结构受损的风险等。

图 3-10　单桩基础翻身及沉桩

（4）打桩作业。完成基础定位沉桩后,将单桩基础放在打桩机定位点,起重机卸掉吊具,随后吊起打桩锤放置在单桩顶部进行打桩,如图 3-11 所示。打若干次桩就需要停下来校对垂直度,直到将单桩打入海底要求深度后停止。目前单桩基础施工主要分为液压锤(振动锤)打桩和钻孔施工两种。液压锤打桩的方式目前应用更为广泛,其施工效率高、成本低、施工技术相对较低,但施工期间的噪声较大,施工前需仔细进行环境评估。

"溜桩"现象是单桩基础打桩过程中需重点关注的现象,尤其在初始打桩阶段,由于桩端阻力占沉桩总阻力的比重较大,当桩

图 3-11　打桩作业

端穿透硬壳层遇到软土时，桩端阻力骤减，土体对桩身的总阻力加上海水的浮力不足以支撑桩锤重量及锤的冲击能量，便会发生"溜桩"现象。对于此问题，如果预判和控制得当，会加速沉桩进程，提高施工效率；如果处理不当，可能造成单桩垂直度得不到保证从而导致沉桩失败，甚至造成桩锤脱落等打桩设备损坏的情况，引发严重的工程事故。

此外，还需关注的风险点包括地质变化较大，导致单桩基础未沉入至设计标高；单桩的最终高程误差与水平误差超过设计要求；大风大浪导致稳桩平台倾斜等。

4. 高桩/低桩承台基础

承台基础可分为高桩承台基础和低桩承台基础，图3-12展示了高桩承台基础的形式。承台基础由于使用多根小直径钢桩（一般小于2m），因此对打桩设备要求较低，施工较大直径单桩容易。但是由于钢筋混凝土承台需要在海上进行钢筋笼绑扎、混凝土浇筑及养护，单个基础施工周期通常要一个月，因此制造及施工成本较高。

图 3-12　高桩承台基础

5. 导管架基础

导管架基础适用于水深较深的海域，如图3-13所示。由于其由多根直径较细的钢管交错焊接而成，焊接工艺复杂，所以制造成本相对较高。与多桩基础类似，导管架基础应用的小直径管桩对地质要求较低，打桩作业简单，但水下灌浆作业要求较高。

图 3-13　导管架基础

导管架基础施工主要包含钢管桩运输与沉桩、导管架运输与安装、基础灌浆等内容。海上风电导管架基础的安装方式分为两种：一是"先桩法"，即先沉桩后安装导管架；二是"后桩法"，即先吊装导管架后打桩。"先桩法"工艺使得导管架基础对基础沉桩的精度要求非常高，为了确保沉桩施工精度，需要首先搭建导向架平台，然后插桩，并利用振动打桩锤与常规打桩锤配合施工。"后桩法"由于导管架会受到波浪水流作用难以精确调平定位，难以满足上部风机高耸结构吊装对基础提出的严格的平整度要求，故需要采用附加的连接件进行二次调平，增加了施工的难度和复杂性。

导管架基础施工中会面临的主要风险包括：地质变化较大，导致钢管桩未沉入至设计标高；钢管桩的最终高程误差与水平误差超过设计要求；导管架基础无法顺利插入钢管桩内；导管架基础法兰水平度超过设计要求；导管架基础灌浆漏浆、堵管等。

6. 浮式基础

浮式基础适用于远海水深50m以上的海上风电场。这类通常是在陆上预制组装完成，然后利用船舶拖到指定机位点，也可以在码头把基础和机组整体安装完成后再拖到机位点。但由于其设计复杂，施工时对天气条件要求高，机组运行中的控制策略不够成熟，目前国内外仍处于模型试验或样机试验阶段。

浮式风机基础形式有许多种类，其中应用数量最多的是半潜式浮式风机（Semi-sub），如图3-14所示，这种类型的浮式风机在较浅海域的场地适应性较强，并且对于安装和制造的要求相对较低，拖航可采用湿拖完成，平均仅需4条拖轮。张力腿式（TLP）和单柱式（Spar）浮式风机的数量也比较多，但这两类浮式风机对水深和地形的要求相对较高。

单柱式基础对施工船舶的需求较多，至少包括一条具备动力定位系统的起重船和相应数量的拖轮完成运输与安装工作。张力腿式基础通常需要定制大型驳船来完成运输与安装，普通驳船也可完成相应工作，但对船舶的吨位、甲板面积、稳性的要求较高，此外，张力腿式基础由于其复杂的系泊系统，对施工环境的要求较高，整体施工时间较长。

图 3-14　半潜式基础

3.3.4　海缆敷设风险识别

海缆作为海上机组之间、机组与升压站之间以及升压站与陆上电网之间的电力传输通道，通常在海上机组基础安装完成后开始敷设。

海上风电场海缆敷设主要分为场内集电海底电缆（35kV）敷设、高压送出海底电缆（100kV或220kV）敷设以及登陆段施工。敷设安装方案会根据不同风电场的水文地质情况、离岸距离等条件具体分析和制定，但总体安装流程基本类似，除了海陆调查、设备调试、海面预处理、环境保护等前期准备工作外，海缆敷设工作主要包括海缆出厂装船、海缆登陆段施工、海缆敷设、海缆保护、风电机组侧海缆安装、海缆浮标标记和试验及投产运行等内容，施工流程如图3-15所示。

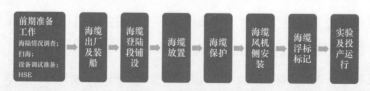

图 3-15　海缆敷设施工流程

（1）**前期勘测及扫海准备。**海缆路由调查是海缆系统工程设计和工程建设的基础。需先对岸滩地形、地貌、地物的现场进行查看，走访海洋、航道、地质、水文、航运、渔业、海产养殖、建设规划、军事及通信等部门，收集与海缆工程有关的各方面资料，进行比较分析，初步确定出海缆登陆点和路由方案；然后采用先进的技术手段和设备进行海缆路由勘测，以便选择安全、可靠的海缆登陆点和路由，确定出经济、合理的海缆敷设技术方案，确保海缆通信的安全稳定；最后根据勘察确定出路由，并选用相应的海缆和施工方式进行施工布放。扫海的目的是进一步清理水底残存的渔网等障碍物，一般由拖轮拖带扫海锚具，来回沿路由扫海不少于1次。

（2）**海缆装船**。如果海缆工厂不靠近码头，则电缆盘需要使用大型平板车先运输至码头，费用昂贵。因此，很多海缆生产厂家会靠近码头建厂，可在码头直接进行盘缆或装船。装缆时，施工船靠泊固定，可以采用电缆栈桥输送海缆至施工船，并盘放在固定的缆舱或盘缆台上，如图3-16所示。

图 3-16　海缆装船

此外，海缆也可用托盘或线轴装盘。海缆盘能装载几百米的铠装海底电缆，也有超大规格的电缆盘一次可装载 1～2km 的电缆。装载铠装海底电缆的电缆盘有 30～50t 重，可使用合适的吊机直接吊放至施工船甲板。

（3）**海缆登陆段施工**。海缆从海上开始敷设通常有两种作业方法。一种是在指定位置铺设一个固定锚，用一根连接用钢丝绳，两端分别与埋设地锚和海缆拖拉头相连，铺缆船靠近平台，当连接钢缆张紧后，通过向前移船来下放海缆。另一种是将一个导向滑轮拴在导管架底部导管上，铺缆船离平台较远，当收放绞车的钢缆张紧后设定张力，铺缆船原地固位不动，通过绞车收缆来下放海缆，当海缆拖拉到预定位置时，用一根连接钢缆取代收放绞车钢缆，收回绞车的钢缆，开始进入正常铺缆作业。海缆登陆段施工如图3-17所示。

图 3-17　海缆登陆段施工

（4）海缆的敷设与保护。海缆敷设通常采用专业敷缆船进行作业，电缆敷设时需要控制敷缆船的航行速度、电缆释放速度、电缆入水角度以及敷设张力，避免电缆由于弯曲半径过小或张力过大而损伤。由于裸露在海洋环境中的海底电缆很容易受到破坏，如今几乎所有海底电缆会直接在施工时采用直埋或外部覆盖的保护方法。直埋保护通常包括冲埋法、刀犁法、切割法、预挖掘法等形式；覆盖保护通常采用人工覆盖物保护。

敷缆船是敷设和维修海底电缆的专用船舶，如图3-18所示，一般主甲板尺寸宽大，配备转缆盘、导缆架（退扭架）、布缆机（张紧器）、门型起重架、水下埋设犁等专用海缆施工装备，将海底电缆直接敷设或埋设到海床上。由于海底电缆施工过程采用"边走边放"的方式，要求转缆盘转动放出电缆的速度、布缆机向海中布缆的速度以及船只运行的速度相匹配，保证电缆受力不能太大或太小。而且要观察电缆的入水角度，这就要求敷缆船需要有特殊的入水桥结构来保证海缆入水时不会产生过大的角度使扭力增加导致电缆损伤。另外，为避免洋流、强风对船舶位置的影响，敷缆船需配备动力定位系统或者锚泊装备，时时调整船舶的位置以保证船舶在设定的海缆路线上。

目前国内的敷缆船存在吨位小、设备落后、一次性载缆量少、持续作业能力低等缺点。而且大多数敷缆船是无推进动力的驳船，施工作业需要3~4条起锚艇配合锚泊定位施工，延缓了施工进度，增加大量作业成本与人工成本，水下施工作业的埋设犁大多缺少视频监控及观察的功能，水下地形复杂，埋设犁行进路线无法得到预判，对施工风险把控以及作业可靠性增加了不少难度。

图 3-18　敷缆船

海底电缆敷设作业时间较长，影响因素多，如波浪、海流、潮汐、水深、地质条件和拖曳力系数的选取及海底摩擦因素等。波浪和海流作用于铺缆船上，影响整个系统的运动。电缆的有效张力主要来自自身的悬挂质量，直接受水深和自重的影响。在海底摩擦因数、流线段长度和拖曳力系数等参数确定的情况下，海缆的响应和受力情况主要受波浪、海流、水深和自重的影响。

对于集电海底电缆与高压送出海底电缆的敷设，风险主要存在于海底交越段与航道区。有些风场存在多个海底电缆与原有管线、光缆等交越的问题，容易在施工阶段由于抛锚失误、走锚等情况对原有管线造成损坏进而引发安全事故。施工作业前应与已铺管线单位协商确定，利用测量系统对路由登陆点以及工程各主要控制点进行测量复核，对邻近原有管线、光缆区域根据各方提供的路由数据、图纸等资料信息进行详细比对核验，并采取详细的措施以避免管道和电缆敷设中双方的敷设造成损害，尤其是天然气管线。

同时，近海风电场的周围航道一般较为繁忙，各种货船、客船和集装箱船来往不断，航道对海底电缆敷设会产生一定的影响或潜在风险。可在施工时向海事主管机关申请航道内交通管制，配备警戒船以及时提醒通航船舶远离施工水域、谨慎驾驶，同时可适当加大电缆的埋深。

（5）**海缆的安装与固定**。风机侧的海缆接入方法如图3-19所示。将引线从J形管中牵引出来，接着把引线头与待接海缆相连接，将海缆缓慢放入海底。然后在J形管上端出口处缓慢拖拽引线，使得海缆逐步靠近J形管下端进口处并进入管内。继续牵拉引线，直到海缆被牵引出来，与风机连接固定。

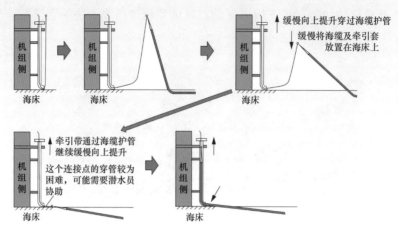

图 3-19 风机侧海缆的安装与固定

接入风机的海缆的另一端与风场电缆线路的连接方式如图 3-20 所示，安装人员将两个海缆端口从水底打捞上来，然后在船上将两个端头固定好，再通过牵引装置将连接好的海缆缓慢沉入海底。

风机侧海缆的安装与固定及与风场电缆线路的连接作业，通常需要潜水员的协助，需注意人员水下作业的安全风险。

图 3-20 风机侧海缆与风场电缆线路的连接

（6）海缆安装中保护。在海缆敷设作业时，当遭遇恶劣天气、海况或其他因素导致施工中断时，常需要将海缆放回海底，并设置浮标进行定位标记。另外，在海缆敷设过程中，为防止海缆被其他施工设备损坏，常需在海缆周围一定距离设置浮标用于警示。

（7）海缆安装后保护。海缆安装完毕后也需不断进行维护，主要是提示通航船舶及海员海缆位置，通常采用的方法有：在海滩区设置警示牌；将海缆位置信息告知管线运行、海洋局、渔业管理、气象水文等有关部门，并告知渔民及海员等；监视靠近海缆路由的船舶航行、海上及空中巡逻等。

（8）海缆试验及投产运行。海缆投入运行前，需要对海缆进行直流耐压试验，该试验是考核电缆绝缘性能及其承受过电压能力的主要方法，并能够有效检测海底电缆的机械损伤、介质受潮等局部缺陷。当海缆通过测试符合要求后即可投产运行。

3.3.5 海上风电机组码头拼装及海上运输

1. 码头拼装

海上风电场建设期间通常会设置一个专门的集结、拼装码头，用于风电机组部件的临时堆放、拼装及装船作业。由于我国目前海上风电码头资源紧缺，也有部分项目把一些简单的码头拼装作业放到海上的大型驳船上进行。

由于海上作业条件差，可作业时间短，因此可在码头完成必要的部件拼装工作，从而尽量减少海上机组的吊装时间。如何在码头对部件进行拼装、拼装到何种程度，主要取决于码头条件、施工船舶类型和能力、海上机组吊装工艺等因素。

2. 海上运输

对于离岸较远的海上风电项目，为了能单次运输多套风电机组，同时保证机组在开阔海域吊装过程中的稳定性和安全性，欧洲海上风电场通常使用海上风电安装船直接进行机组部件运输。通常情况下，单趟可运输4～6套机组。而中国目前的海上风电项目离岸距离较近，且自升式安装船资源较少、能力较弱而运输驳船资源丰富，因此目前国内通常使用驳船进行部件在码头和安装船之间的运输。随着风电场离岸距离的增加，通过驳船倒运部件到安装船或大型拼装驳船受制于天气条件的情况将愈发明显，倒驳过程中船舶稳定性和部件安全性都存在一定风险，相对减少了海上可作业时间。整机海上运输和叶片海上运输如图3-21、图3-22所示。

图 3-21　整机海上运输　　　　　　图 3-22　叶片海上运输

海上运输时，应根据运输风力发电机组台数和部件参数，配置合适的运输船舶和相应的引导船。避免在大风大浪、暴雨情况下运输，一般的运输条件为风速不宜超过6级，波高不宜超过1.5m，海流流速不宜超过3m/s。同时，部件在船上必须充分绑扎固定，避免出现移动、磕碰等现象。

装船前应充分了解起吊设备（含吊具、吊带、卸扣等）如何操作风机大部件的吊装与倒运。船舶甲板上装载货物后，要对船舶的稳定性进行校核。一般舱底应装配比重较大的货物以降低船舶的重心高度，装在船舷的货物要保持质量基本相当，避免船舶发生倾斜而影响航行安全。装配甲板货物时，应尽量避开舷窗、排水孔、阀门等设备，以防影响起重机等设备的操作。

3.3.6　海上风电机组安装风险识别

机组部件运输到机位点后即可开始海上吊装。海上机组吊装是海上风电场建设中最重要的复杂系统工程，从下往上主要包括塔架的吊装、发电机与机舱的吊装、叶轮的吊装。

由于机组安装工艺要求、安装船舶能力以及场址条件等因素的差异，海上机组的吊装工艺差别很大，主要可归为整体吊装和分体吊装两大类，其中分体安装可进一步分为单叶式安装、兔耳式安装和三叶式安装。整体式吊装方案需要专业的拼装码头，对施工船舶、作业天气的要求相对较高，因此目前在行业内的应用较少。而分体式安装方案相对灵活，吊装资源多，是目前应用更为广泛的方式。

1. 分体安装风险

海上风电机组分体吊装是在基础安装到位后再安装风电机组各个组件和部件，是目前最为常见的海上风电机组安装方式。该方法对海上运输设备和安装设备的要求相对较低，可以利用起吊重量较小的起重设备进行风电机组吊装作业。在吊装作业中需着重注意在组装过程中容易发生因操作失误或其他因素意外吊重坠落而导致组件及船体结构受损的风险。

（1）**单叶式安装。**单叶式安装即将海上风电机组的3只叶片分别吊装，如图3-23所示。单叶式安装对码头资源和海上运输要求较低，同时由于各部件质量相对不大，对吊装起重机的起吊能力要求不高，但对各部件的支撑工装和吊具的要求较高，同时海上吊装时间较长，吊装效率较低，吊装工作中断的风险很大。安装流程一般为"塔筒一机舱—发电机—轮毂—叶片"，其中，可将"机舱与发电机"或"机舱、轮毂与发电机"在岸上进行预组装，从而减少海上吊装作业时间，提高作业效率。叶片吊装方式主要分为两种：

图 3-23 单叶式安装

1）3个叶片按照Y形安装。先安装Y形上面两个叶片，Y形上面的两个叶片与水平线夹角为30°，吊装时需倾斜吊装，然后竖直安装下面最后一个叶片。此方式无需对机组进行盘车适应性设计，单叶片安装吊具结构非常复杂，吊具可靠性差。

2）3个叶片均水平安装。先安装一个水平叶片，然后叶轮整体旋转120°；再水平安装第二个叶片，然后叶轮整体再旋转120°；最后水平安装第三个叶片。此方式安装速度较快，单直驱风电机组盘车非常困难。

（2）兔耳式安装。兔耳式安装即将两个叶片预组装在轮毂上构成两叶式叶轮后再进行吊装，如图3-24所示。兔耳式安装可采用自升式平台驳船、自航式安装船或重型起重船进行吊装，需要开发两叶式叶轮组装支撑工装和竖直叶片吊装夹具。安装流程一般为"塔筒—机舱—发电机—两叶式叶轮—垂直叶片"，其中，可将"机舱、发电机与两叶式叶轮"在岸上进行预组装，从而提高吊装效率，但由于涉及较多的陆上部件预组装，故对码头资源要求较高，对吊装起重机的起吊能力要求也相对较高。兔耳式安装由于轮毂处重心高度较高，距离轮毂吊点较远，这将导致吊具的稳定性难以保证，且由于预组装了两根叶片，自身重力载荷不均匀，对吊装的风速要求较高。

图 3-24　兔耳式安装

（3）**三叶式安装。**三叶式安装即在陆上将3个叶片预组装在轮毂上构成叶轮再进行吊装，如图3-25所示。运输时，为了有效利用甲板空间，要调整叶片放置的角度，使其合理布置于甲板上。三叶式安装能有效减少海上叶片安装时定位、对接等步骤，降低海上施工难度，但对起吊时的风速要求较为严格。安装流程一般为"塔筒—机舱—发电机—叶轮"，其中，可将"机舱与发电机"在岸上进行预组装，从而减少海上吊装作业时间，提高作业效率。由于三叶式安装大部分部件涉及陆上预组装，故对码头资源要求较高，叶轮吊装对吊装起重机的起吊能力要求也相对较高，多采用自升式平台驳船开展安装作业。

图 3-25　三叶式安装

不同安装方式优缺点如表3-1所示。

表 3-1　　　　　　　　　　　　　分体安装方式对比

安装方式	优点	缺点
单叶式	（1）码头、甲板面积占用少，布局灵活 （2）水平吊装稳定易操作 （3）吊装费用低	（1）对吊具要求高 （2）吊装次数多 （3）海上施工程序多，高空作业量大，操作空间小 （4）传动系统设计要求高（水平安装）
兔耳式	（1）吊装次数少 （2）吊装费用低 （3）起重机吊装能力要求一般	（1）天气、风速条件要求高 （2）组装好的叶片占用码头、甲板面积，不适合长途运输 （3）海上施工程序多，高空作业量大，操作空间小
三叶式	（1）吊装次数少 （2）海上作业时间较短	（1）天气、风速条件要求高 （2）组装好的叶片占用码头、甲板面积

海上风电机组吊装方式的选择受到多种因素的影响，主要包括风电机组部件在码头（或陆上）的预组装程度、运输船和安装船等施工船舶的条件、安装风电机组的数量与机组参数（质量及外形尺寸等）、离港口的距离及安装海域气象状况等。几种因素彼此之间相互影响，共同作用下形成吊装方案。其中，机组部件在码头（或陆上）的预组装程度和吊装船的选择对吊装方案的影响较大。

2. 整体安装风险

整体安装是将码头作为拼装场地，将海上风机的塔筒、叶片等组件在码头预装场地装配好并进行调试与测试，然后将海上风机整体竖直吊装到船上并将其固定在支架上，以便在运输过程中风机能够一直保持竖直状态，到达风电场后，用大型浮吊将风机整体吊起，在其他船舶的配合下，将其转移安装到风机基础上，如图3-26所示。我国东海大桥海上风电场项目采用的就是这种吊装方式。在风电机组整体吊装的过程中，为避免机组塔筒与平台发生碰撞需要采用锚泊定位，为确保塔筒与平台准确对中需要特殊设置的软着陆系统以及风电机组整体平移对中系统。海上风机整体安装的必备条件包括：

（1）船舶的总吨位要足够大。

（2）起重能力要足够，一方面能承受风机整体的重力，另一方面要有能力来控制风机的运动状态。

（3）起重高度必须大于风机的塔筒和机舱高度之和。

（4）对船舶稳性和作业水深，以及适合的作业环境都要精确把握。

（5）需要很大的码头空间来进行对风机的组装和调试。

整体安装可以有效提高安装质量，保障安装进度，降低施工安全风险。但由于风电机组整体运输、吊装的质量大、重心高，且叶片、机舱等受风面积大的构件主要位于机组上部，故整体运输、吊装过程中的稳定性、安全性控制要求较高，在海上整体吊装就位时对吊装起重机的起吊能力要求较高，并需要注意"软着陆"吊装体系的操作，避免风机和基础碰撞造成结构损伤，同时应着重把握潮位、风浪对吊装进程和控制的影响。

图 3-26　整体安装

机组安装完成后，需要业主、监理、施工单位及机组供应商共同组织安装、接线质量验收工作。安装及接线验收合格是机组进入调试准备的必要条件。

3.4　海上风电机组调试、并网及验收

3.4.1　机组调试及并网

海上风电机组安装完成后需要进行带电调试。机组调试主要分为静调试和动调试两类。静调试通常指利用外部电源在不带 35kV 高压电源负载情况下的调试，机组以水、空气等为介质进行的负荷试车，以检验除介质影响外的机械性能和制造、安装质量。电源功率满足的情况下，也可以对偏航及变桨等系统进行调试。动调试是指机组在 35kV 带电情况下对整机所有系统和部件进行的调试，通常为并网调试。

1. 现场调试要求

由于海上调试条件差于厂内，且海上作业时间有限，海上机组调试时间需要尽量缩短甚至实现"免调试"。

现场调试与厂内调试的一个非常重要的差别是机组的驱动由叶片产生，由于海上作业安全风险较高，调试人员必须坚决遵守各项安全要求。调试人员应完全按照机组说明书的安全要求进行作业，特别注意的是，在极端情况下机组失去控制时，人无法使机组安全停机的情况下，应遵守人身安全第一的原则，紧急撤离所有人员。在雷暴、结冰、大风等恶劣天气情况下不能进行机组的调试。同时，调试人员必须熟悉机组各部件的性能及停机措施，熟悉所有紧急停机按钮的位置及功能，能够在紧急情况下停机。

2. 调试的主要内容

调试人员必须按照调试规程逐项进行调试作业，并进行完整地记录。主要工作有：

（1）用计算机连接轮毂控制系统，按照调试文件进行必要的参数修改。

（2）用手动及程序控制逐个控制三个变桨轴承，检查各部分是否活动灵活，是否有卡涩现象，有无漏油现象。

（3）检查变桨控制系统是否处于正常状态，同时关注充电回路、过电流保护、转速测定或液压变桨系统是否正常。

（4）逐个检查变桨轴承的角度传感器、限位开关、油路压力、温度传感器等是否正常。

（5）利用主控系统模拟器模拟各状态信号、指令信号等，检查变桨控制系统是否正确识别。

（6）利用测试软件测试各刹车程序的功能，检查参数是否正常。

（7）进行紧急停机程序的测试，整个过程由蓄电池供电，检查各参数是否正常。

（8）利用测试软件进行长时间连续运行，重点检查中心润滑系统是否正常工作，各轴承及部件之间的润滑是否良好，是否有漏油现象的发生，并检查记录机组冷却系统风扇的启动温度是否符合要求，检查冷却风扇的冷却效果。

（9）进行低温加热试验，用冷却剂冷却各温度传感器，检查各加热系统是否正常启动加热。

调试送电应采用逐级送电，按照电路图逐个合闸手动开关，并检查系统的状态正常，检查确认主控系统的供电电压幅值与相序符合要求。

主控系统正常启动后，应按照控制参数清单文件将主控系统各控制参数修改完成后，复位控制系统，并检查状态清单中各状态的参数是否正常。在装配后的首次调试中出现故障是正常现象，因此调试人员需按照故障指示查找原因，逐步消除各个故障。各项工作完成后需整理实验记录，检查是否有漏项及不合格项，提交完整的调试记录。

除了风力发电机组本身的调试外，海上风电场建成后也需要对海缆、各机组高压侧设备以及升压站连同调试。

3.4.2　工程验收

海上风电场建设的单位工程可按风力发电机组、升压站、线路、建筑、交通、环保六大类进行划分。每个单位工程是由若干分部工程组成的，具有独立的完整的功能。

单位工程完工后，通常由施工单位向业主提出验收申请，单位工程验收小组（通常包含业主、监理、施工单位、风力发电机组供应商）组织验收。同类单位工程完工验收可按完工日期先后分别进行，也可按部分或全部同类单位工程集中组织验收。对于不同类单位工程，如完工日期相近，为减少组织验收次数，单位工程验收小组也可按部分或全部各类单位工程集中组织验收。

单位工程完工验收必须按照设计文件及有关标准进行。验收重点是检查工程内在质量，通常质检部门应用签证意见。单位工程完工验收结束后，如工程合格，验收小组应签发单位工程完工验收鉴定书。

3.5　海上风电场施工进度

3.5.1　天气窗口

海上风电场施工所需的天气窗口比较复杂，波高必须在安装船能承受的有效波高内。海上风电场要求在相对平静的海况下进行安装，特别是当安装船为起重驳船而不是自升式驳船时。海上风电场的施工安装通常在低风速、低浪高期间进行。施工进度应充分考虑可能的偶然情况，以及由于恶劣天气造成的工期延误。预测适宜施工的天气窗口是建立在对现场数据（包括波高、潮流、风速等）的分析的基础上的。根据安装船和其他施工船舶允许工作极限的条件、范围，筛选现场参数数据。编制频率或概率表，展示不同船只的工作极限条件持续时段天气窗口的每月概率。施工进度应根据需要的时间窗口，基于天气窗口的分析结果，同时考虑偶然情况进行安排。

1. 风

风是由于大气运动形成的，常用风速和风向两个量来表示风的特征。一般将海上风速划分为18级（0～17级），最大的17级风速为56.1～61.2m/s。

风对海上安装施工的影响包括：

（1）风是引起海浪、涌浪等恶劣天气的主要原因之一。

（2）风常常伴随着各种特殊天气现象（雨、雪），常对船舶设施及人员安全造成严重威胁。

（3）大风（7级以上）可造成作业中断，引发安全事故。

（4）大风及其伴随的浪、涌，可引发船舶走锚、摇摆、颠簸等现象，严重影响海上安装施工的各项工作。

（5）造成船舶和其他海上设施或其他船舶碰撞。

（6）严重时会导致船舶倾覆或进水沉没。

应对的安全措施包括各施工船舶应根据船舶及设备状态、天气预报情况、作业任务做出相应的工作计划、避风计划、撤离程序、台风应急程序、避风港选择等。

2. 海浪

海浪是海面的海水做周期性的振动，同时向一定方向传播的海水波动，波长范围从数十厘米到上百米，波高从几厘米到数十米。海浪可分为风浪、涌浪等。对于海上风电施工，波高是影响施工安全和精度的要素之一，波浪的大小与波浪力成正比，较大的波浪力会对风电安装船造成一定的安全威胁；此外，波长也是重要的影响因素，当波长恰好接近某些施工船舶长度时，容易引发谐摇，导致施工船舶有效施工窗口大幅缩减。

海浪对海上风电场施工的影响包括：

（1）引起船舶横摇和颠簸，影响船舶吊装、组对和水下作业。

（2）引起船舶走锚，无法固定船位。

（3）引起断锚链和中断船舶系统。

（4）造成船舶与海上设施或其他船舶间的碰撞。

（5）严重时会导致船舶倾覆或进水沉没。

（6）工程船在移动中作业时，影响拖轮的起抛锚作业。

（7）人员及物资输送无法开展。

（8）较大的波浪力会导致打桩时风机基础桩产生垂直度的偏差，严重影响打桩施工效率。

波浪还会导致在某些类型的船只工作或接近风机时不安全。根据欧洲安全制度和海况限制，妨碍风机或转移船员的波高范围通常是0.9～2.0m，具体取决于船只、操作的实际情况和接近风机的路线。

应对海浪、海流、涌浪的安全措施有：各施工船应根据天气预报情况和作业任务做出相应的作业计划，同时加强海况监测及预报，以预防为主。一般冬季波浪来自北方且浪大，夏季通常为南向浪且波浪相对较小，但在台风影响下常造成大浪或巨浪。

3. 潮汐

潮汐是海面受到引潮力影响而发生的周期性涨落现象。潮间带是涨潮时的最高水位和落潮时的最低水位之间能够露出水面的部分海岸，位于海岸与陆地的交汇处，是海上风电的一种特殊情况，也是我国特有的介于陆上风电和海上风电之间的中间阶段。潮间带的风电施工与陆地相似，但对于风电机组来说需要完全按照海上风机设计。潮汐流在变窄的通道里流动更快，故通常沿海岸、浅滩以及围绕岛屿和岬角的潮汐流会变得更强。

潮汐对海上风电场的影响主要体现在两方面：

（1）增加水平载荷。主要体现在增加冲刷和安装风险上。潮汐流的侵蚀能力与水的流速的三次方成比例增加。强大的潮流冲刷基础的风险更大，会使电缆暴露并在基础上增加负荷，这对环境和风机的海底结构增加了危险。在强大洋流海域。为保护风机基础，需要减轻冲刷，如抗冲刷垫和岩石堆。

（2）危害施工船舶和人身安全。潮汐流冲刷导致海床表面形态多变，不规则的冲沟不但给潮间带行船带来风险，也会给作业人员带来跌入冲沟和卷入海中的风险。尤其是我国江苏沿海地区地形地貌特殊，海况复杂，有时会发生激流怪潮，涨潮时间与潮汐表时间不一致，导致作业人员来不及撤退，在滩涂上迷失方向，进而造成海难事故。

4. 热带气旋

热带气旋是发生在热带或副热带洋面上急速旋转并向前移动的大气涡旋。西北太平洋海域是全球热带气旋活动最活跃的区域，中国沿海是世界上受热带气旋影响较多的区域之一，因此，对于我国的海上风电项目，台风是必须面对的首要问题。按照热带气旋中心附近的最大风力可将其分为6级，如表3-2所示。

表 3-2　　　　　　　　　　　　　　　　热带气旋等级划分

名称	风速、等级
超强台风	中心附近最大平均风速大于 51.0m/s，风力 16 级或以上
强台风	中心附近最大平均风速 41.5～50.9m/s，风力 14～15 级
台风	中心附近最大平均风速 32.7～41.4m/s，风力 12～13 级
强热带风暴	中心附近最大平均风速 24.5～32.6m/s，风力 10～11 级
热带风暴	中心附近最大平均风速 17.2～24.4m/s，风力 8～9 级
热带低压	中心附近最大平均风速 10.8～17.1m/s，风力 6～7 级

台风对海上施工的影响不仅是强风，常常伴随的强降雨、巨浪以及产生的涌浪对船舶航行和船舶定位均有较大影响。历史气象资料显示，每年都有不同级别的台风在中国沿海登陆，如果海上风电场恰好处于台风登陆路径的海域上，极有可能受到台风袭击，事故后果主要以机组和风电场设施整体或部分损毁为代价：

（1）当热带气旋强度过大时，超过风电机组的极限荷载会导致风电机组塔架倾覆、叶片断裂、基础受损等严重损失。

（2）当风速超过25m/s，机组因保护、控制系统故障，作业人员又未能紧急停车或无法紧急停机时，会造成飞车、叶片断裂、发电机烧损等事故。

（3）当风速超过25m/s，机组切机刹车后，因电源故障导致变桨系统未能启动大风偏航程序，当风速超过叶片设计极限，会造成叶片断裂、受损等事故。

（4）风电机组机舱舱盖、偏航系统、变桨系统机构和风速风向仪最易受超大风力和多变风向破坏。

（5）台风还将造成风电场输电线路和测风塔损坏。

（6）若施工船舶未能及时撤离避风，严重时会导致船舶倾覆或进水沉没。

5. 雨水

降水对施工影响很大，容易造成施工的能见度降低、地面湿滑、气温降低等情况，暴雨会导致项目暂时停工，普通雨水湿滑天气也会对项目施工造成一定的安全隐患，具体包括：

（1）能见度较低，影响作业，并可能造成船舶相撞等事故。

（2）船舶甲板、结构物表面打滑，影响人员安全及作业。

（3）影响作业人员情绪，进而影响作业安全。

（4）影响设备作业性能。

为应对雨水等特殊天气的影响，应加强天气预报的收听收看，根据天气情况制定实际的工作计划，人员劳动保护用品应配齐，安全保障措施应到位。

6. 海冰

海冰是海上的主要撞击物，在我国渤海和黄海北部的近海，每年冬季都有不同程度的结冰现象。渤海的冰期一般超过3个月（12月至次年3月），辽东湾北部海域为我国海冰最严重的海区，平均冰期约为140天/年，沿岸堆积冰严重，海冰漂流速度最大为0.5m/s。冰情较轻的年份，仅在辽东湾北岸30km以内的海域覆盖10cm厚的海冰；在重冰年，30～40cm厚的冰几乎布满千米海面。

海冰对于海上风电施工的影响主要体现在风机部件及基础运输、基础打桩和风机吊装等环节。冰情较严重时会使港口码头受到冰层堵塞和封锁，影响船舶的靠离泊和装卸作业；大量海冰在航道上聚集，会影响船舶进出港速度，造成船舶滞时，严重影响海上交通运输的正常进行；若港口附近船舶被冰封住、随冰漂流，容易造成船舶相互碰撞；海冰的膨胀压力对船舶的破坏力极大，影响船舶整体安全。

海冰对海上风机的影响主要包括：

（1）挤压、冲击风机基础，造成振动或冲击。

（2）海水在基础上结冰后，会因海水潮汐的作用产生上拔或下压力，同时增大基础的粗糙度，基础受到海水冲刷后受力变大。

（3）海冰的冲击破坏基础结构及其附属物。

海冰对于海上吊装施工的影响主要包括：

（1）引发船舶走锚。

（2）引起断锚链和中断船舶系统。

（3）造成船舶与海上设施或其他船舶间的碰撞。

（4）严重时会导致船舶倾覆或进水沉没。

（5）造成船舶无法行进，难以解救。

（6）造成海上结构物严重受损或倒塌。

7. 海雾

海雾是受海洋的影响发生在海上或沿海地区底层大气的凝结现象，是悬浮于大气边界层大量水滴或冰晶使大气水平能见度小于1km的天气现象。根据海雾形成特征及所在海域的环境特点，海雾可分为平流雾、混合雾、辐射雾和地形雾，其中平流雾具有雾浓、范围大、持续时间长等特点，是主要影响海上交通和作业的天气现象。

海雾主要是对能见度造成影响，而海上能见度低直接关系到海上风机部件运输、海缆敷设和风机安装的安全和施工精度。

对于在风电场范围航行的船只，良好的能见度是安全航行的必要条件。在海雾频繁的海域，需要在风机上安装雾灯以警告船只避免碰撞危险。在能见度非常低的情况下，船长不宜安排人员进入风电场区域。如果风电场低能见度频率很高，对风机可用率和进入性会有重大影响，而最终导致风电场利润降低。

8. 雷暴

雷暴时冷热气团相遇造成强对流天气，同时加上空气湿润，进而形成雷暴。海上风电施工属于高空施工作业，雷暴天会对海上工程船舶和风机部件造成雷击事故，进而引发火灾，对海上风电施工造成损失。因此，海上风电施工应时刻关注天气预报信息，确保在突发雷暴天气来临前做好预防措施。

中国海域雷暴闪电密度值从高到低依次为：南海、渤海、黄海和东海，以南海和渤海的雷暴闪电活动最为频繁，而黄海与东海相对较弱。

3.5.2　施工进度影响因素

1. 施工条件的影响

海上施工受到码头装卸、海上运输货物转运、施工船舶、潮水、风况和海况等条件相互制约，因此，物资供应、资金、成本、天气情况、船舶性能、人员状态等因素均将对施工进度造成影响，其中外界因素占主要部分。在施工过程中，一旦遇到气象、水文、地质及周围环境等方面的不利因素，必然会影响到施工进度。对于潮间带来说，影响海上风电场施工进度的因素主要是潮水和风速；对于近海和深海来说，浪高和风速在影响海上风电场施工进度的因素中占比较大。

2. 物资供应问题的影响

海上风电场建设对天气要求很高，施工过程中需要的材料、配件、机具和设备等如果不能按期运抵施工现场将对施工进度产生很大影响。由于海上风电机组各部件的制造、运输周期较长，若在安装作业前发现运抵施工现场的风机部件等存在质量不符合有关标准的要求或在运输过程中受损需要更换部件等情况，都将严重影响施工进度，比如安装前发现桩基础存在质量问题、叶片运输过程中受损等。

3. 海床条件变化的影响

由于海上风电场从规划到施工一般经历的时间较长，海床经过洋流冲刷会逐渐改变原有条件，需进行施工方案的调整，从而对施工进度带来影响。

4. 设计变更的影响

在施工过程中，由于原设计有问题需要修改或是业主提出了新的要求，难免会出现设计变更的情况，会对海上风电场施工进度造成影响。

3.6 海上风电场建设阶段风险管理

3.6.1 海上风电场建设阶段风险分析

结合此前对海上风电场各建设环节的风险识别，将海上风电场建设阶段的风险因素总结为以下五个部分。

1. 社会政治风险

（1）社会治安风险。海上风电场的施工期不少的准备工作都是在陆地上完成的，因此陆地上的社会治安会直接影响工人们的工作效率和工作进度，不良社会治安甚至会对于工人的人身安全造成威胁。

（2）卫生环境风险。卫生环境的风险是指当地卫生医疗情况，以及在一些地区可能会发生瘟疫、传染病的情况。

（3）当地居民素质。海上风电项目建设大多选择在项目当地招聘工人，因此当地居民的整体素质决定了当地招聘工人的素质，进而将影响项目进展的工作效率和顺利程度造成。

（4）战争与内乱。海上风电项目的建设地如果发生了战争与内乱，将对项目的开展造成毁灭性打击，为了施工人员的安全，项目只能停工。

（5）政府政策风险。一般情况下海上风电项目牵扯的资金数额较大，由于建立在海上，必须通过当地政府的同意。而且，在我国电力资源是属于国家直接管控的资源，海上风电项目建成后产出的电也是供应给政府的，因此政府的支持至关重要。

2. 设计风险

（1）风资源评估风险。海上风电项目风资源评估准确与否直接影响风电场后期的收益和机组安全。不准确的风资源评估将会对海上风电项目的综合质量、成本、技术都产生不同程度的风险。50年一遇设计风速准确与否则影响机组选型及机组安全。

（2）施工设计风险。海上风电项目的施工质量对风电场后期的运行状况有着决定性的作用，特别是设计方案与实际情况的契合度、施工技术能力和水平等因素都对项目是否能按时竣工有着一定影响，一旦出现施工建设的设计问题，将造成不可挽回的损失。

3. 自然条件风险

（1）气象灾害。气象灾害主要指的是台风等极端恶劣的天气，会造成项目的停工延误工期或毁损已建成的部分结构，导致项目经济上和工期上的损失。

（2）海洋灾害。海洋灾害指的是毁灭性的海啸、海底火山喷发等灾害，会造成项目的停工延误工期或毁损已建成的部分结构，导致项目经济上和工期上的损失。

（3）地震灾害。在项目的建设地，不论是海上还是陆上，发生地震灾害对于项目的建设而言都会产生巨大影响。

（4）复杂地质条件风险。复杂的地质条件会导致前期勘测工作的困难，同时也可能会导致施工期发现地质条件与勘测情况不完全相符，导致设计变更等情况的出现。复杂的地质条件也会加大风电基础安装时溜桩及自升式风电安装船发生桩靴穿透的风险。

4. 管理风险

（1）运输管理。海上风电场的相关结构、部件都是在陆地上进行生产，最终通过船舶运输到海上，在运输过程中存在船舶碰撞、倾覆、搁浅及货物损坏、落海等风险，因此运输船舶的管理以及运输的安排也是至关重要的。

（2）施工准备。在某一环节完成后，下一环节的工作是否可以进行，施工准备是否准备好，对于缩短工期而言是十分重要的。同时，施工准备不充分而贸然施工的话，可能会导致严重的后果。

（3）现场施工协调管理。海上风电场的施工期涉及多个方面，是一个相当复杂的过程，因此在现场施工协调和管理是否有力决定了现场施工工作能否顺利进行。

（4）人员素质。现场施工操作的主体是人，人员操作的准确性、速度和安全性对于施工期而言都是至关重要的。

（5）天气预报不准。海上风电场施工受天气的影响很大，因而对于天气预报的要求较高，若天气预报不准确，可能会造成错失可施工的时间或造成在恶劣天气下施工的风险。

（6）人力资源风险。人力资源风险方面包括劳动力和技术管理人才两个方面。施工期是需要一定劳动力的，如果发生劳动力供应不足的情况，会使得项目的进展受到影响；海上风电场的施工期是需要各个领域专家互相配合的一个阶段，因而如果某一方面的专家缺失或者离职对于海上风电场的施工期而言，也会产生一定的影响。

5. 设备风险

（1）**施工设备风险。**主要指的是各类施工船舶需具备与其职能相匹配的各项能力，如良好的稳性、足够的结构强度、足够的装载能力、足够的起重能力等。不满足作业需要的施工船舶与设备会对海上风电场的施工带来很大的风险。

（2）**通信导航系统风险。**主要指的是施工船舶及作业人员的通信导航系统应能够满足作业人员之间、施工船舶之间、施工船舶与指挥中心之间及时有效的沟通；导航系统能够精准反馈施工船舶位置信息避免偏航。通信导航系统不完备容易造成信息无法及时有效传达，从而加大船舶碰撞的风险。

（3）**防护设施与救生器材风险。**防护设施主要包括消防、防雷、防触电、防高空坠落等；救生器材主要包括救生艇、救生筏等。防护设施与救生器材的缺失会严重削弱作业人员的安全保障，从而带来极大的安全风险。

3.6.2 海上风电场建设阶段风险评估

对海上风电场建设阶段进行综合风险评价，是综合考虑所有影响海上风电场建设阶段的风险因素对项目的影响进而对项目风险给出评价估计，基于此前介绍的风险识别和风险分析工作，选择有效的风险评价方法，比较和评价海上风电场建设期内的各种风险因素，对其重要性进行排序，获得重要性权重，以便预测风险较大的因素，在运维过程中可以有效控制。

此处采用层次分析法对海上风电场建设阶段风险进行评估。

层次分析法（Analytic Hierarchy Process）是一种常用的评价分析方法，其主要原理是构建递阶层次，对多指标进行两两比较，将不同指标的相对重要性定量化，完成一致性检验后，应用矩阵特征向量来反映各层元素重要性权值。层次分析法的基本步骤主要包括建立层次结构、构造判断矩阵、在单准则下排序及一致性检验、层次总排序。

（1）**建立层次结构。**运用层次分析法解决实际问题，首先需要根据问题的性质和目标，将决策问题进行层次化、结构化分解，构建"目标—准则—方案"递阶层次结构体系，如图3-27所示。

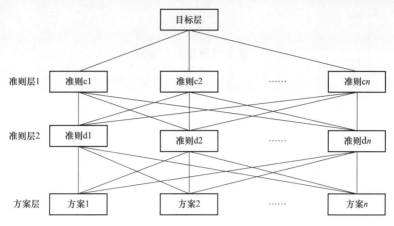

图 3-27 递阶层次结构体系

结合此前对海上风电场建设阶段的风险分析，建立海上风电场建设阶段风险评估指标体系，如图 3-28 所示。

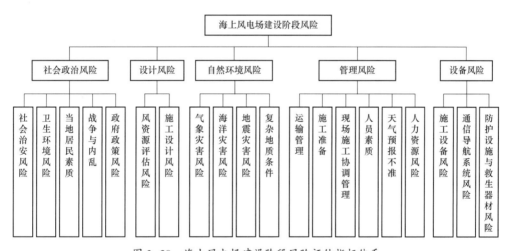

图 3-28 海上风电场建设阶段风险评估指标体系

（2）构造判断矩阵。层级结构建立完成后，结合专家打分意见，对各层级指标进行两两比较即可形成判断矩阵。两两比较的具体方法为：当上一层次某一因素作为比较准则时，用重要性标度表达下一层次中两个元素之间的相对重要性。重要性标度取值一般为 1 ~ 9 及其倒数，取值规则如表 3-3 所示。将评价结果按列排列可形成各指标间的重要性关系量化的判断矩阵。

判断矩阵 $A = (a_{ij})$ 有以下特点：

1）$a_{ij} > 0$　$i, j = 1, 2, \cdots, n$

2）$a_{ji} = 1/a_{ij}$　$i, j = 1, 2, \cdots, n$

3）$a_{ii} = 1$　$i = 1, 2, \cdots, n$

表 3-3　　　　　　　　　　　　　　　重要性标度取值规则

重要性标度	含义
1	两个元素相比同样重要
3	两个元素相比，前者比后者稍微重要
5	两个元素相比，前者比后者明显重要
7	两个元素相比，前者比后者强烈重要
9	两个元素相比，前者比后者极端重要
2，4，6，8	表示上述判断的中间值
倒数	若元素 i 与元素 j 的重要性之比为 a_{ij}，则元素 j 与元素 i 重要性之比为 $a_{ji} = 1/a_{ij}$

（3）在单准则下排序及一致性检验。在单准则下的排序是指计算判断矩阵中每个因素对于相应准则的相对权重，即计算权向量。计算排序向量的方法包括特征根法、和法、根法、对数最小二乘法等。

由于比较判断有可能出现严重不一致的问题，会导致决策的失误，因此对于单准则下的排序需进行一致性检验。其方法是计算一致性比例 C.R. 并进行判断，当 C.R.<0.1 时认为判断矩阵的一致性水平可以接受，当 C.R.>0.1 时认为该判断矩阵不满足一致性要求，需对判断矩阵进行修正。

一致性比例 C.R. 的计算公式为：

$$C.R. = C.I. / R.I.$$

式中 C.I. 为一致性指标，其计算公式为：

$$C.I. = \frac{\lambda_{\max} - n}{n - 1}$$

其中，$\lambda_{\max}$ 为判断矩阵 A 的最大特征值。

R.I. 为平均随机一致性指标，根据判断矩阵阶数查表 3-4 可得。

表 3-4　　　　　　　　　　　　　　　平均随机一致性指标

阶数	1	2	3	4	5	6	7	8	9
R.I.	0	0	0.58	0.94	1.12	1.24	1.32	1.41	1.45

（4）**层次总排序**。计算每一层次中各指标相对于目标层的相对权重，然后进行总体排序。一般情况下，目标层权重设为1，各层级指标权重计算规则为：各层级指标权重＝本指标相对于上层隶属指标权重 × 上层隶属指标相对于目标层权重。从准则层开始，各层指标逐级计算，即可得到海上风电场运维阶段各风险因素的重要度排序。

3.6.3　海上风电场建设阶段风险控制

1. 社会政治风险控制

政策风险是海上风电项目的重点预防风险，此类风险具有很强的突发性，并且无法转移风险，因此海上风电项目建设前，一定要预留足够的时间来解读国家政策的变化，为项目的及时调整预留一定的空间。同时在建设中要多与当地政府部门沟通，争取得到当地政府的大力支持，从而使项目在审批、办理贷款以及上网电量等环节得到政府的帮助。

在电价变化方面，由于我国海上风电装机容量不断上升，风电电价的变化不可避免，因此要做好项目的费用控制，在财务上多做准备，降低决策成本，制定项目应急预案，将风险带来的危害降至最低。

在维护社会治安稳定方面，海上风电的建设虽然陆上占地较少，但在海上施工难免会对捕鱼业、航海业造成一定的影响。因此在项目初期首先要与当地政府和村委会进行沟通，采取合理的经济措施对受到影响的居民进行有效的安抚，避免产生不必要的经济纠纷，造成工程拖延造成更大的损失。

2. 设计风险控制

在测风数据的收集上，一般是通过当地气象部门的历史数据以及项目地区的测风塔实地数据为主，其中气象部门的历史数据准确度较为有保证，而测风塔数据的收集上，容易受到环境和时间的影响，特别是在风速和有效风时数的测量上，因此需要安排专人对测风塔进行定期的巡检与校正。同时，风资源在年度内的波动性比较大，有条件的情况下应测定多年数据，为后续的项目开展提供更为坚实的数据基础，将风资源评估的风险降到最低。

在施工设计方面，风险主要集中在地质勘察期和施工期，由于海底地质情况复杂多变，一般情况下需要一机一测，全方位地认识该海域的地形特征，保证海底地质构造能够满足海上风电项目建设的需求。同时，在建设施工设备的基桩时，要避免对地质环境进行大范围的破坏，减少项目后期因地质情况造成的严重后果。

3. 自然环境风险控制

海上天气条件对于海上风电场建设的影响十分严重，想要降低此类风险带来的严重后果，需要借助长期气候数据分析，充分利用气候窗口，施工中提高天气预报的准确性与及时性，从而合理安排作业时间，并合理制定施工方案与应急预案。在施工阶段，如果有灾害性气候出现，要及时停工，并做好预防措施将气候危害降到最低，同时在施工中要加强风机的抵抗灾难性气候的能力。

4. 管理风险控制

运输管理方面，应保证风电设备在转运和吊装过程中，尽量采用专用运输工具进行转运，同时一些易损件要进行合理的包装、加固，避免由于转运和吊装造成的不必要损失。

人员素质方面，在施工作业前要做好人员的安全培训工作，做好安全交底工作，建立健全安全管理制度，并组织施工人员进行定期培训，将事故发生的可能性降到最低；在有条件的情况下，配置高素质的建设团队，聘请海上风电项目研究专家，对项目的验收工作进行合理性评估，发现缺陷及时补救，避免为后期的风电场运行留下隐患。

现场施工协调管理方面，应完善项目组织机构，做到专人专事，避免人员和事务上的过多交叉，提高人员的工作效率，明确划分各部门之间的职权，各司其职，保证项目安全高效运行。

5. 设备风险控制

施工设备的完整性与可靠性对海上风电项目安全建设有着重要的影响。为降低设备风险，应在作业前对所施工设备进行全面的检查，保证设备的完整性与可靠性；应结合不同设备的作业职能，有针对性地校核作业设备重点部位、重点能力，如在设备运输前应重点检查运输船舶的装载能力、在吊装重量大的部件前重点检查所用索具钢丝绳的强度等；应严格按照有关标准配备有效、足量的防护设施与救生器材，将风险可能造成的后果与损失降到最低。

4 海上风电场运维内容及风险

与陆上风电场相比，海上风电场无论位于潮间带还是深海区，都会因其所处的位置以及所面临的潮汐、台风、洋流、海浪、雷电等特殊海洋气象的制约，对风电场的运行和维护造成一定的挑战，从而也提高了其运行维护成本。优化海上风电场运行维护管理的最终目标是要降低风电场的成本，提高风电在价格上的竞争优势，提高企业运营海上风电场的盈利空间。

海上风电场运维应遵循"预防为主，巡视和定期维护相结合"的原则，监控设备设施的运行，及时发现和消除缺陷，预防运行维护过程中人身、设备、电网、海事及海洋污染等不安全事件的发生。海上风电场应根据规模、海况和风资源特点，结合实际设备状况，选择通达方式，确定运行维护模式，优化设备运行。

海上风电场投产后的管理工作包括运行和维护两大方面。运行指的是有关海上风电场正常运作所需要的管理工作，包括海上风电场资产管理、在线远程监控、环境监控、电力安全、市场活动，以及所有相关事务。维护指的是为保持风电机组正常运行，对机组进行的保养、修复和维修等相关工作的总称。

4.1 海上风电场运维的基本内容

4.1.1 海上风电场运维对人员的要求

海上风电场运维人员应具备基本的身体条件及心理素质。从业人员应身体健康，经企业认可的医院按照相关标准要求进行体检，没有妨碍从事本岗位工作的疾病和生理缺陷。海上机组运行维护相关船舶上的船员应持有国家主管部门规定的与所在船舶相适应的"船员适任证"。应每年对海上机组运行维护作业人员进行一次体格检查，凡不符合健康标准的作业人员应停止出海。

作业人员经过海上风电工程安全和专业技术培训，具有从事海上风电运维工作所需的安全和专业技术知识。熟练掌握个人防护设备的正确使用方法、风电设备的工作原理和基本结构，具备风电设备安全操作和紧急处置的技能；具有高处作业、高空逃生、海上求生、海上救援、船舶救生、海上平台消防、海上急救、救生艇筏操纵、触电现场急救及直升机逃生方法等方面的相关技能。特殊作业应取得相应的特殊作业操作证。

作业人员应经过岗前培训，考核合格，并取得相应的资质证书（包括四小证）；新聘用员工必须经过3个月的实习期，实习期不得独立工作。掌握风电场数据采集与监控、海洋水文信息、气象预报、通信等系统的使用方法。熟练掌握生产设备及海上应急设施的各种状态信息、故障信号和故障类型，掌握判断一般故障的原因和处理的方法。熟悉操作票、工作票的填写。能够完成风电场各项运行指标的统计、计算。熟悉海上风电场运行维护的各项规章制度，了解有关标准、规程。熟悉了解电网、海事及海洋部门的相关规定，严格执行电网、海事部门调度指令。

4.1.2　海上风电场运维对风电场设备的要求

运维阶段的海上风电机组应具备的条件包括：风电机组热交换冷却系统和内部环境控制系统运行正常；电梯升降正常，包括制动器灵活可靠、照明系统正常、极限位置保护开关正常等；机舱顶部设置航空警示灯，叶片上设置航空和防鸟类撞击警示标识，基础上刷涂航海警示色，安装助航标志，并确保其夜间正常工作；船舶靠泊系统及人员逃生系统正常运行；塔筒内应配备食品、淡水及睡袋等临时留宿的物资，配置急救药物及灭火器材；风电机组的其他部件已经安装、调试合格，并通过预验收。

运维阶段的海上升压站及平台应具备的条件包括：海上升压站及平台、陆上集控中心或陆上升压站已经安装、调试合格，并通过预验收；平台布置、设计及配置满足运行维护和事故处理的需要；消防系统、逃生路径、避险平台及通达靠泊系统等总体布局合理并运行正常，符合国家法规及相关标准的要求。

海上风电场其他设备应具备的条件包括：测风塔风速、风向、温度、气压等气象要素观测仪表运行正常；布置海洋水文监测系统并正常运行，监测潮汐、流速、流向、盐度、水温及海冰等水文要素，以满足风电场海洋水文信息、基础冲刷、防腐等问题的分析要求。

4.1.3　海上风电场运维对海上作业的要求

参与海上风电场运维工作的船舶的工作要求包括：运维船应经过船检，各项性能完好，证照齐全，船舶适航；船上配足救生器材及应急灯，配备航海图及潮汐资料、导航设备，油料充足，配备食品、淡水及药品等必备的海上生存物资；船员配备不低于规定的最低要求，且处于适岗状态，船员适任，运维船上总人数应不超过经核定的定员标准，船舶载重应不高于船舶核定载重量；航道的最小水深、宽度和弯曲半径应满足运维船的要求，助航标志或导航设施正常，无妨碍航行安全的障碍物、漂流物；运维船应配有专业的通信设施且测试正常，该设备应运行稳定、便于维护、适应海上环境要求，并具有可靠的遇险报警能力；应当根据有关规定制定适合风电场情况的维护船舶运行手册。

参与海上风电场运维工作的直升机的工作要求包括：直升机在海上平台起飞、降落的风速限制按所使用直升机飞行手册的规定执行，严禁超员、超载、超天气标准飞行；直升机甲板上不允许有妨碍直升机降落和起飞的物体和无关人员，乘客必须按规定的路线上下直升机；直升机甲板设施应严格执行年度检验、特别定期检查及临时检验，确保设施处于正常状态；应当根据有关规定制定适合风电场情况的直升机海上平台运行手册。

海上风电场运维作业应在环境条件满足要求的状态下进行。风电运维船出海前应对能见度和船舶的抗风浪等级等因素进行安全风险分析。风速超过25m/s（10min平均值）时，禁止人员户外作业。值守人员攀爬海上机组时，风速不应高于该机型允许登塔风速，但风速超过18m/s时，禁止任何人员攀爬海上机组。当风速超过12m/s时，不得打开机舱盖（含天窗）进行舱外作业和在轮毂内作业。预计风速将超过18m/s时，所有人员应提前至少2倍回程需要的航行时间，有序撤离到安全区域。雷雨天气不应进行检修、维护和巡检工作，发生雷雨天气后1小时内禁止靠近海上机组，如已在海上机组中，应禁止作业并停留在安全位置。叶片有结冰现象且有掉落危险时，应禁止船舶靠近。塔底爬梯、通道有冰雪覆盖时，应确定无高处落物风险并将覆盖的冰雪清除后方可攀爬。应尽量避免雾天出行，对于已出行船只，应选择就近海上机组停靠，并确定定位和通信系统的正常工作，保持和岸上人员的联系。应做好大风、大浪、雷电、寒流等恶劣天气的防范措施。在恶劣天气发生前后的一段时间禁止进行海上机组运行维护的作业。

运行维护采用的相关船舶的海上航行条件应符合船舶航运相关规定。海上作业前，应关注出海条件并进行安全风险分析，对天气条件包括海况进行及时掌握，做好防范措施。海上作业前，应检查通信设备是否处于良好状态，电量是否充足，并根据具体作业要求考虑是否需携带充电器或备用电池。进行海上作业时，应配备无线通信设备，随时保持各作业点、监控中心之间的联络，禁止人员在海上机组内单独作业，若移动信号质量保证时，移动电话可以作为通信工具，否则不能替代无线通信设备。作业人员登船前应穿好救生设备等防护装置。直接接触型风电运维船宜采用顶靠，不宜采用侧靠方式接近海上机组，人员攀爬海上机组时，应避免受到波浪影响导致船只和基础之间产生过大的相对运动。运维船靠近海上机组平台时，应采取有效措施避免船舶猛烈撞击支撑结构，同时应保护人员安全。

维护人员海上作业应不少于两人。进行维护作业前，应切断海上机组的远程控制或切换到就地控制；有人员在机舱内、塔架爬梯上时，禁止启动海上机组。攀爬或在平台面以上作业时，应使用安全绳和安全带或其他防护器材。人员进入密闭空间时，应保障所处位置的通风良好，宜进行必要的检测后进入。在运行维护作业过程中，应及时做好安全防护措施，放置好维修工具等物品，以防高空坠物或落入水中。进行运维作业遭遇雷雨天气时，应及时撤离海上机组，紧急情况下，如无法撤离，应停留在安全的位置。

4.2 海上风电场运维工作原则及内容

4.2.1 运维工作原则

海上风电场应遵循"预防为主，巡视和定期维护相结合"的原则，监控设备设施的运行，及时发现和消除缺陷，预防运行维护过程中人身、设备、电网、海事及海洋污染等不安全事件的发生。海上风电场应根据规模、海况和风资源特点，结合实际设备状况，选择通达方式，确定运行维护模式，优化设备运行。同时，应结合海上风电场的特点制定相应的运行维护规程，并随设备变更对运行维护规程及时进行修订。

海上风电场运行维护的首要目标是保障风电场的安全，其次是提升风电场的财务收益。

海上风电场的安全主要指风电场人员、财产、环境及电网的安全，要求风电场人员、财产、环境的安全风险可控，对电网的影响可控。通常海上风电场的设计寿命为20～25年，其所处的自然环境恶劣，除了盐雾、潮汐等常态环境影响之外，还受到闪电、台风等灾害的威胁。风电场在长期的运行过程中难免会出现一些异常情况或遇到灾害天气，这些都是海上风电场的安全隐患。如果不及时妥善应对，轻则导致停机，影响发电量，重则可能引发安全事故，对环境造成负面影响，对电网造成影响。因此需要对海上风电场进行长期不间断的监控，及时发现安全隐患，排查原因，并妥善解决。同时，还应对风电场进行定期的维护，降低设备、部件的故障率，有效控制安全风险。另外，还需要制定事故应急预案，当发生事故时及时响应，降低事故造成的损失。

在首要目标达成的前提下，海上风电场的运行和维护还应考虑风电场的财务收益，要求风电场大部分时间正常运行，出现异常的时间处于可控的范围，风电场的财务收益在当前风资源和技术条件下达到最大。风电场项目的财务收益与售电收入、运行维护成本直接相关。在不考虑税收、贷款利息等支出的情况下，风电场的财务收益等于售电收入减去运行维护成本。风资源好，风电机组持续正常运行，发电量高，售电收入就多。但是由于风电机组在复杂的海洋环境中长期运行，难免会出现一些异常情况或遇到灾害天气，可能会造成设备停工，这会造成一定的发电量损失，减少售电收入，影响风电场业主的财务收益。因此需要对海上风电场进行长期不间断的监控，及时预知或发现故障，排查原因，并妥善解决，减少故障停机时间。同时还应对风电场进行定期的预防性维护，降低设备、部件的故障率，减少停机情况的发生。

4.2.2　运维工作内容

海上风电场运行维护工作包含多个方面的内容，主要可分为海上物流（后勤）、陆上运输（后勤）、海上风电场运行、海上风电机组维护、海上升压站及电网连接、海底电缆维护、海上风电机组基础维护、运行维护基地管理及运行八个方面。

1. 海上物流（后勤）

海上物流（后勤）的主要任务是将运行维护人员安全准时送达运行维护现场或返回运行维护基地。为保障海上物流（后勤保障）工作，运输组织方面应当具有高安全性、快速响应、灵活机动、合理的人员运输数量、快速查阅海上气候和气象以及低成本的特点。决定海上运行维护运输形式的因素包括：海上风电场的离岸距离、海上风电机组数量及大小、海上升压站的设计、海上风电场所在海域海况等。

海上运行维护可分为采用基于港口的运维船作业、运维船与直升机协作、海上运行维护基地三种模式。海上风电场离岸距离低于40km的可采用运维船作为主要运行维护工具，如图4-1所示；离岸距离达到30～100km的可采用运维船和直升机协同作为运行维护工具，如图4-2所示；离岸50km以上的海上风电场还可以考虑通过建造海上运维基地来实现运行维护。海上运维基地是在离岸较远的海上风电场上采用固定或浮台等技术建造，以运行维护为目的的平台，采用类似石油钻井平台的方式用邮轮来实现远海风电场的运行维护。这些固定或浮动的运维中心上配备仓储空间，并可为运维人员提供必要的食宿，以便运维工作的开展。

三种运行维护模式中，采用运维船作业成本最低，其次是运维船与直升机协作，建造海上运维基地成本最高，具体采用哪种运行维护模式需根据成本预算、海上风电场的特点和作业要求来具体衡量。运维船作业模式具有搭载能力强成本低的优点，但容易受到海况条件的制约；运维船与直升机协作模式的具有航行能力强、可不受海况条件影响的优点，但是成本较高，且搭载能力有限；海上运维基地能缩短航行时间，搭载能力强，可实现及时运行维护，但建设成本较高。

图 4-1　海上风电运维船

图 4-2　运维船与直升机协作

2. 陆上运输（后勤）

陆上运输（后勤）主要指基于港口的运输组织工作，其主要任务是为海上运输提供必要的港口支持，包括为备用零件及设备提供必要的仓储空间、将设备从陆上装载到运维船上、为运维船提供停泊港湾、为直升机提供停机坪等，如图4-3所示。另外，陆上运输还应包括将所有的备用零部件及设备从生产商处运输到港口的物流工作，这些工作需要有效的组织和物流跟踪。

图 4-3　海上风电运维母港

随着海上风电场的规模扩大、离岸距离更远，陆上运输及物流的组织形式也随之发生变化，例如可以从单港口形式向多港口形式转变，即通过建立多个港口或者通过多个港口的互联来实现对一个或多个海上风电场的支持。如在我国山东省烟台、龙阳、海阳建立三大基地，为周边规划的三大风电场提供运维母港服务。

3. 海上风电场运行

海上风电场运行工作是指与风电场资产管理相关的活动，包括远程监测、环境监测及其他后台管理等，一般主要由业主负责。

海上风电场的运行工作主要包括：掌握风电场海域的海洋水文信息；监控风电机组、海上变电站设备及海缆监控系统各项参数变化情况，发现异常情况应进行连续监控，并及时处理；监视、调节钢结构基础防腐外加电流系统；监控海上变电站平台生产、生活辅助设施及海缆；检查海上作业等级及交接班情况；制定海上逃生救生、船损、火灾、爆炸、污染等各类突发事件应急预案；开展台风、风暴潮、寒流、团雾、冰凌等恶劣天气下的风电场事故预想，并制定对策。

海上风电场在运行过程中有可能会发生异常，严重时会出现事故，此时对出现的异常或事故的处理要求主要包括：当有外部船舶误入风电场，威胁风电场安全时，应尽快采取措施，必要时采用拖船牵引出风电场，处理情况记录在运行日志上；当因海床稳定性或船舶锚损造成海缆损伤时，应及时采取控制措施并汇报；因恶劣天气情况，海上维护人员应及时撤回，无法撤回需在海上留宿时，应在交接班簿上详细记录，同时与主控室保持联系；当台风正面袭击风电场海域时，应提前关掉海上变电站及风电机组非必须设施，关闭所有舱盖及水密门，有人值守的海上变电站以及相应的守护船要加强值班，VHF甚高频电话全时守听，保证通信畅通，必要时人员全部撤离；运维船航行途中收到大风警报时。应认真分析天气形势，研究、制定防范措施；当发生海洋污染事故时，应采取措施控制事故不再扩大并及时汇报。

4. 海上风电机组维护

海上风电机组中几乎所有的机械设备及电子零部件都有有限的设计寿命，因此服役机组在不同时段不同的子部件中会出现不同的故障，且由于机组处于潮湿的海洋环境中，除非做出特殊的设计，否则会由于水雾和盐雾等外界环境条件的影响，造成风电机组某些零部件的快速损坏。另外，与陆上风电机组相比，海上风电机组的塔筒和基础会受到海浪的冲击和冲刷作用，进而发生腐蚀疲劳损伤等一系列安全隐患。针对不同风电机组的设计及不同故障所带来的危害，根据一定的优化目标来安排运行管理工作是海上风电场运维的一项系统工程。

（1）**定期维护**。定期维护是指根据某些设备的维护需求，对机组或者某些零部件进行规律性或周期性的检查、更换等工作，如风电机组连接件之间的螺栓力矩检查（包括电气连接），各转动部件之间的润滑和各项功能测试等。

这种维护工作的优点是可以有计划有规律地进行，因此造成的停机时间较短，且配件的补给比较方便。但此种维护方式也存在一定的弊端：可能设备已处于疲劳和磨损状态，但仍需到周期时才能更换；可能设备使用寿命还未用尽或经过维修后还可继续使用的情况下被更换，从而造成浪费；载重机和维修人员费用较高，配件、部件及工作人员的输送费用较高，频繁地往返风电场需要巨额资金；对于海上风电场来说，维护受到海洋变幻莫测的气象的影响，定期维护有时无法展开，必须根据机组定期维护的需求与实际的天气和海洋情况来实时安排与调整。

海上风电场的定期维护周期视风电场不同设备部件而不同，风电机组和关键设备部件的定期维护间隔时间一般不超过1年。维护周期应根据上次定期维护的结果、设备设计寿命、等效运行时间及运行年限进行适当调整。

风电机组的定期维护包括检查发电机、齿轮箱、叶片、轮毂、导流罩及机舱壳体、主轴、空气制动系统、机械制动系统、联轴器、传感器、偏航系统、塔架、控制柜、加热系统、气象站及风资源分析系统、监控系统、配套升压变及防雷、接地、消防等。

（2）**故障维修**。故障维修又称非计划性维护，是指当风电机组设备或其他系统已经出现故障迫使机组停止运行，检修人员必须采取必要的行动对风电机组进行故障维修工作。此时，大型设备或部件产生了较为严重的故障或者是小型部件和零件的瞬间失效，故障出现可能是偶然的，而非普遍问题。由于这些故障具有突发性的特点，维修工作需要临时安排，因此这类故障有可能造成较长的停机时间和较高的损失。非计划维护要求专职的检修人员待命，一旦风电场设备出现故障，及时到现场排查解决。故障处理有些需厂家处理，有些风电场工作人员即可修复，有些需专业厂家的专业人员解决。

海上风电场的故障检修根据设备和故障类型，可分为不同的等级，相应的处理方式、成本也因此不同。根据失效部件的特点，维修工作需要采用相应的维修船只，如齿轮箱的灾难性损坏则需要使用大型的运输船舶和吊装设备进行维修，如果只是小型的电子元件损坏，则可以采用小型运输运维船。

非计划性维护维修工作除了受到天气影响外，还受到备件库存和运输船的可用性影响，因此，其主要缺点为：发生大故障的风险较大，停机维护检修所需时间长；不能按计划进行维修；配件供给比较复杂，需要很长的供应时间；受天气影响，运行人员对风电机组及时维修的可能性较低，停机加长，发电损失巨大。

（3）**状态监测**。状态监测是指对风电机组的主要设备进行实时监测，根据各种监测设备反馈的信号或信息进行实时分析，确认当前风电机组的状态，及时发现处理故障信号，从而确定必要和最优的维护方案，以此保障设备在限定的疲劳和磨损范围内工作。

这种维护方案的优点在于可以通过对风电机组的实时监控随时对风电机组的状态进行更新，及早知道风电机组的故障隐患，根据故障的急迫性、安全性和损失程度以及天气窗口合理安排维修工作，可有效缩短风电机组的停机时间，提高海上风电场的经济效益；同时，风电机组的各个部件能最大限度地被利用，检修方案可计划执行，部件供给较为方便；此外，状态检测可以发现极端外部条件下，如结冰或海浪等，导致的风电机组塔筒振动等现象，从而可触发风电机组产生控制保护，避免产生重大损坏。

但这种维护方式的缺点是需要掌握部件剩余使用寿命等可靠的信息，同时对状态监控设备的软硬件要求较高，要求监控设备对故障有高可靠的检测功能。尽管目前市场上已出现各类型的监控设备，但真正实现高可靠和全面故障检测功能的在线状态检测设备仍有待进一步开发。

5. 海上升压站维护及电网连接

海上升压站的定期维护分为海上升压站电气设备、海上升压站消防系统、逃生及救生系统、助航标志与信号、直升机甲板设施、起重机、通信设施、防污染设备等几大项目。

海上升压站电气设备定期维护包括检查变压器、GIS设备、母线、断路器、隔离开关、互感器、避雷器、无功补偿设备、应急备用发动机、UPS系统、直流系统、继电保护装置、通风系统、主控制室计算机系统等。

海上升压站消防系统定期维护包括检查火灾与可燃气体探测报警系统、消防水泵、消防软管、喷枪和消防炮、雨淋式和喷淋式系统、固定式干粉灭火系统。

逃生及救生系统定期维护包括检查逃生通道、救生艇或救助艇，检查吊艇架及登乘设施，检查气胀式救生筏、救生衣、救生服、救生圈。

助航标志与信号定期维护包括检查各种信号灯、障碍灯、雾笛及其他音响信号、专用标志，检查安装在危险区的防爆助航灯和声号，发现缺陷应立即修复或更换。

直升机甲板设施定期维护包括检查直升机降落区域的甲板防滑措施、识别标志、安全网、埋头栓系点、着陆灯和探照灯；检查排水口、应急通道、风向和风速计测设备、应急备品；检查扇形区域内的障碍物和井架、天线装置及起重机等障碍物的标志和照明；检查直升机的储油柜及加油装置；检查消防设备；检查无线电通信导航设施是否处于正常状态。

起重机定期维护包括检查起重机和绞车；检查起重机基座和甲板上的固定零部件外观；检查钢索、吊篮外观；检查活动零部件。

通信设施定期维护包括检测通信设施功能，检查危险区内的通信设施防爆状态。

防污染设备定期维护包括检查污水处理设施、油水分离器；检查排放监测装置指示器和记录器的工作情况；检查开式排放系统。

6. 海底电缆维护

海底电缆是实现海上风电场电能传输与陆上通信的主要途径，海缆的故障可能导致整个风电场停运，因此海缆的检查和维护是最紧迫的工作。海底电缆不仅在敷设时需要专用船只，其维护也需要专用的船舶和工具。海底电缆受损的主要原因有自然灾害和人为破坏，自然灾害包括地震等，人为破坏包括捕鱼、海水养殖、航运、海洋工程施工等。建设在太平洋海域的海上风电场需要考虑地震带来的潜在威胁，地震发生时瞬间的冲击力会将电缆切断，海底滑坡也容易造成海底电缆损坏；建设在我国东海地区的海上风电场需要考虑渔船及捕鱼活动带来的影响，渔船船锚或拖网渔船可能造成海底电缆损坏。

海缆维护的主要工作就是对海缆进行检查，检查海缆的埋深，特别是在海床不稳定的海域。海缆检查的频次取决于海床的移动性和最初检查的结果。基于表面的检查可以用来发现明显的海缆暴露，要获得更准确的埋深数据则需要远程遥控水下机器人进行测量。对于埋深不足或海缆暴露的问题，通常使用动态定位落管船或侧倾船，采取保护沉排和抛石措施处理。

海缆的维修通常需要一艘海缆敷设驳船，并配备海缆沟开挖和海缆敷设装置。维护海底电缆的运维船需要具有灵活的机动性，能在海底电缆发生故障的第一时间响应出动。海底电缆的铺缆船维修一次电缆需要2～3周，每年10次左右，海底电缆的专用运维船也需要考虑船员在海上长时间作业的需要。

此外，为保障海底电缆的安全稳定运行，也可采用远程监控的方式对海底电缆保护区内的船舶抛锚、拖锚等活动进行监视，实现对海底电缆的维护和管理。此外还可以通过近岸视频监控和红外夜视监控手段，对海面船只进行监控，实现对海底电缆保护区的全方位监视。

7. 风电机组基础维护

海上风电机组基础由于受到洋流的影响、海浪的冲刷作用，以及由于水下部件长期暴露在海水中，机组塔筒的腐蚀主要发生在塔筒与海平面的连接处，也发生于单柱式基础的内表面以及外部导管、塔梯、外部导管平台等位置。风电机组基础在设计阶段应当考虑采用适当的防腐蚀涂层，除此之外在机组整个生命周期内，基座的防腐工作包括防腐锌块的更换、基座防护装置的维护更换、水下基础的检测防护及检测维修等。

海上风电机组基础定期维护项目包括检查海上风电机组基础完整性（含爬升系统、靠泊装置、防坠落装置、栏杆、梯子及平台），检查结构变形、损伤及缺口，检查钢结构节点焊缝裂纹，检查混凝土表面裂缝、磨损，检查基础冲刷防护系统，检查助航标志，外表油漆涂层修补（特别是船停靠位置），清除海洋生物生长附着，修复灌浆连接等。

8. 运维基地管理及运行

海上风电场运维基地的有效管理和组织的目标是降低海上风电场的发电成本，保障海上风电场的有效和良好运营，将海上风电场的运营风险降到最低。基地的管理除了完成基地本身的功能性工作外，实际上还需要协调风电场多个部门或第三方服务提供商的工作。将风电场涉及的功能性部门进行划分，可以大致分为研发中心、第三方服务、运行管理、维护（修）管理和资产管理。

4.3 海上风电运维船

海上风电运维船是用于海上风电机组运行维护的专用船舶，是海上风电场岸基运行维护策略的基本部分，提供主要的海上物流服务。该类船舶在一般海况中具有良好的操纵性、稳定性及舒适性，并且能够低速准确、持续稳定地顶靠或侧靠至海上风电机组基础，使风机运维人员能够安全地登上风机开展运维工作。除此之外，船舶甲板区应具有存放工具、备品备件等物资的集装箱或风电机组运维专用设备的区域，并可以进行脱卸；另外，若近海风场离岸距离较远，船舶还应具有满足运维人员短期临时住宿生活的条件和优良舒适的夜泊功能。

4.3.1 海上风电运维船发展现状

国外的海上风电产业发展起步较早，积累了大量运行维护手段与经验，提出了较为成熟的维护流程，能够敏锐地察觉出对工作开展不利的环境状况。在欧洲的远海风电场中，海洋环境变化剧烈，对风电场的维护工作提出了新的挑战。为保障远海风电场运维工作的顺利开展，复杂的环境条件对风电运维船也提出了更高的要求。海上风电运维船多为铝质或玻璃钢质的双体船或三体船，船长在20m左右，基于经济性考虑，通常船舶载人数量保持在12人以下。如瑞典风电场采用一艘船长为23.6m，片体宽度4.3m，型深3.16m，吃水1.2m的双体船CarboClyde，用来完成海上风机的运维服务。

我国海上风电运维船的发展经历了从无到有的艰难过程，并且在结合风场实际使用情况与国外优秀运维船船型后，我国海上风电运维船的船型、性能均有了初步跨越性的发展。

国内海上风电发展初期，海上风电项目利用非专业船只开展人员和物资运输等工作，如木质渔船和钢制渔船。该类船舶安全风险高、无配套安全救生装备、登靠能力差、夜航和夜宿能力差，船舶性能不具备专业运维船的功能性要求，导致人员上下风机风险高，易造成夹伤、人员落水、骨折等事故。随着海上风电场离岸距离越来越远，海况环境越来越恶劣，传统的渔船或单体运输船由于航速较低、舒适性差，往返航行时间长，容易造成部分作业人员身体和精神不适，影响运维工作效率。近年来，随着国内海上项目增多,项目离岸距离越来越远、海况恶劣,导致渔船在海上风电运行维护时事故率增高,难以胜任海上风电运行维护工作,海上风电的快速发展使得行业不断提高对安全问题的重视。2016年8月,风电单体渔船在海事要求下禁止在海上风电运维市场上使用,并强制要求使用具有交通船性质的船舶。2016~2017年,我国海上风电领域批量开始出现安全性较高的运维交通船,如钢制单体交通船和钢制双体船。该类船舶安全风险低,舒适性中等,航速10kn左右,登靠能力在有效波高1.5m以下。2018年,我国海上风电场进一步向较远的海域进行开发,中期开发的运维船在各方面性能上难以满足要求,进而国内运维公司参考国外的船型,建造出性能较高的双体船,如图4-4所示。该类船舶安全风险低,舒适性好,航速较高,登靠能力达到有效波高2m左右。

图4-4 双体运维船

现阶段,海上风电运维船在性能上的常见问题包括:低性能运维船舶的可及性和安全性较低,难以满足离岸较远的运行维护要求;无法满足海上运维技术人员的舒适性要求;船舶甲板空间不足以存放大型柴油发电机及其他备品备件。

国内双体船性能低于国外,主要体现在航速和耐波性上。船舶航速变化主要是由船舶主机马力决定,而船舶主机马力是由船舶线型决定。一般来说,在船舶线型确定后,其所匹配的主机马力也就确定了,但船舶线型一直是国内船舶设计上的难点,难以有进一步提升,因此国内双体运维船航速提高存在局限性。除了船舶线型外,船舶材质也是影响航速的重要因素。

船舶耐波性主要是运行维护人员乘坐船舶的舒适性,包含船舶震动、噪声、空间视野、横摇等。船舶噪声与振动不仅损害船员和运行维护人员的健康，妨碍运行维护人员的正常工作，而且容易造成船体结构的疲劳、破坏；空间视野狭隘容易造成运行维护人员精神压抑；船舶摇摆会引起运行维护人员晕船、呕吐，严重者精神崩溃，可能出现过激行为。

4.3.2　海上风电运维船的分类

按照性能划分，海上风电运维船可分为普通运维船和专业运维船。

（1）普通运维船。泛指用于海上风电工程期或运维期的交通艇，主要以钢制单体船和钢制双体船为主，典型特征为航速较低（15节以下），普通舵桨推进，耐波性差，靠泊能力差（有效波高1.5m以下）。

（2）专业运维船。指用于海上风电工程期或运维期的专业风电运维船舶，主要以铝制双体船为主，典型特征为航速较高（20节以上），全回转推进（喷水或全回转舵桨），耐波性好，靠泊能力强（有效波高1.5～2.5m），抗风浪强。

按照船型划分，海上风电运维船可分为单体船和双体船。

（1）单体船。具有结构重量轻、吃水小、工艺简单、建造成本相对低、建造周期短等优点。但海上风电运维船需具备足够的艏艉甲板面积以供备件堆放和人员登靠风机，而单体船由于长宽比的限制，船舶艏艉甲板面积有限，且常规单体船船艏型线尖瘦，难以满足船舶顶靠的需求，需特定的方艏船型方能具备安全顶靠风机的能力。同时，单体船完整稳性较差，在恶劣海况下，其安全性不如双体船，但在海况较温和的风场，特别是长江口以北的海上风电市场，仍具备一定的适用性。

为适应海上风电运维交通的需求，单体运维交通船的尺度随着风场的离岸距离和水深的增加而逐渐增加，同时增加了住宿、餐饮、娱乐等生活单元功能，满足目前国内离岸距离较远的海上风电场，但随着风电场规模的扩大，区域化越来越明显，大型单体运维船无法满足大批量的人员临时住宿需求。

（2）双体船。国内海上风电运维市场通过模仿国外专业海上风电运维船型，设计建造外形相似但功能差异较大的双体运维船，但由于线型、设备选型及材质等问题，国内钢制双体船性能与国外专业双体运维船相比较差，不具备该船型应有的高速性和良好的耐波性。

由于两片体间距的存在，双体船船宽一般为同级别单体船的1.25倍以上，保证了充裕的甲板面积、优良的完整稳性。同时，双体船因单个片体长宽比大，确保了较小的摩擦阻力，一定程度上，其航速的能耗比也较单体船有优势。双体船两个片体的存在，使得其必须采用双机双桨推进，而充足的轴间距也保障了其优秀的操纵性，对于低航速状态下船舶顶靠风机基础靠船桩十分有利，普通双体运维船顶靠能力在有义波高1.5～2m，国内近期出现的高性能双体运维船顶靠能力可达到有义波高2～2.5m。双体船两片体及连接桥的结构形式，使得船艏不存在尖瘦线性，易于设置平头船艏，这对于船舶顶靠、人员登靠都十分有利。目前双体运维船的造价渐渐得到控制，虽然仍高于常规单体船，但考虑到综合性能，在大多数风场仍然具备竞争力。

4.3.3 海上风电运维船关键技术性能

海上风电场日常运维主要包括维护人员交通和登离风电塔基等活动，风电运维船的作用体现在：一方面要承担维护人员的安全和快速交通；另一方面必须准确靠泊，保证维护人员安全登离风电塔基。因此，海上风电运维船的使用要求主要包含以下4点：

（1）快速交通。通常维护基地与风电场有一定的距离（一般不少于10n mile），且风电机组分布有较大的范围，因此在保证航行安全和满足潮汐周期的前提下，要求运维船具备较高的快速性能（设计航速为20kn左右，服务航速15kn左右），以便维护人员分批依次接送。

（2）舒适乘坐。为了提高海上风电场的经济效益，维护人员时常要在风浪较大的情况下出航，及时处理运营过程中的突发事件，所以要求运维船具有较好的耐波性，提供较为舒适的乘坐环境。

（3）灵活操纵。海上风电场塔柱较为密集，运维船必须具有较好的船位控制和靠泊能力，以避免运维船与塔基发生碰擦，同时需保证运维船与塔基的准确对位。

（4）无缆靠泊。船舶的操纵性要好，设备优良，具备靠得上、靠得稳风电柱的能力。由于海上风电场运维船受到风、浪、流的较大影响，因此运维船船艏需设置专门的靠泊装置，以实现运维船与塔基的快捷无缆系结，同时需保证维护人员安全登离塔基。

目前的海上风电场运维船市场还存在着诸多机遇和挑战，主要包括：通过新的接近装置和运维船的改进，提升风电场的可及性；提升运维船的速度和舒适度，减少乘客的乘船时间和疲劳度；增加运维船的承载能力，允许一次运输更多的运维技术人员；改善运维船的燃料燃烧效率，目前大约30%的运维船预算花在了燃料上，通过改善燃料燃烧效率和大幅降低运维成本。

4.4 海上风电场运维阶段风险管理

4.4.1 海上风电场运维阶段风险识别

1. 海上风电机组可靠性风险

设备故障是海上风电项目运行期间的突出问题，可靠性是风电机组质量的一个重要指标，也是海上风电场运维管理策略中必须考虑的重要因素。风电机组可靠性主要表现在故障、缺陷和隐患等方面，可靠性高的风电机组故障缺陷少、安全隐患小，可靠性差的风电机组故障缺陷多、安全隐患大。一般海上风电机组设备出现故障导致机组停止运行时，只能采取停机维护措施，由专业的技术人员和运维船到现场检修，造成维护设备成本的增加，而风电机组长时间的停机也会影响项目的发电量，造成一定的经济损失。

从世界范围内看，由于海上机组的设计和制造并不成熟，海上风电机组的可靠性与陆上风电机组相比要低得多。海上风电机组往往是根据海上风况将陆上风电机组的静态或动态负载成比例放大改造而成的，未必是真正适合海洋环境的机组。海上风电机组要能承受在波浪和风的双重载荷中长期持续地运行、启动时扭矩的快速变化和盐雾腐蚀等情况。

目前，海上风电机组的可靠性问题主要体现在设备的故障率较高，设备故障风险主要包括齿轮箱故障、发电机故障、叶片故障、变压器损坏等。根据欧洲运行经验，海上风电机组中齿轮箱和发电机故障率较高，而国内风电机组则以发电机、齿轮箱、机械传动系统、叶片和控制系统等故障最为常见。

（1）齿轮箱故障。齿轮箱作为变速传动部件是否正常运行直接影响整台机器的工作状况，由于制造误差、装备不当、或在不适当的条件下（如载荷、润滑等）使用，常会发生轴承损坏、齿面微点蚀、断齿等故障。其故障原因大体上可分为震动增大、噪声异常、温度升高、严重漏油、磨损加剧、能耗增大、存在不合格齿轮、齿牙断裂等。

（2）发电机故障。常见的发电机故障包括轴承故障、定子故障、转子故障和其他故障，其中，定子绕组短路、转子绕组故障和偏心振动是风电机主要的故障形式。风电机组的发电机常见故障因素主要有振动、噪声、超温、磨损、腐蚀、短路、轴承损坏等。

（3）叶片故障。海上风电机组完全暴露在恶劣的海洋环境中，叶片经过长时间运转，易产生腐蚀、损伤等故障；同时由于风、浪、潮的产生的载荷可能导致风叶的疲劳损伤；再者叶片表面灰尘累积、生物尸体粘着、掉漆、结冰等使叶片逐渐不平滑，从而造成风轮不平衡、叶片表面粗糙度增大。海上风电场还是雷击的主要目标，其对叶片的损伤也不可忽视。

（4）变压器损坏。海上升压站将电力收集，并输送到岸上电网。由于长期使用，变压器内部电缆的破损、雷击、海水的腐蚀等都会对变压器造成一定程度的损害。当变压器损坏程度较大，不能继续工作时，整个风电场将处于瘫痪状态，造成发电量的损失。

由于可靠性不高，海上风电机组的可利用性较低，尤其国内海上风电开发起步较晚，基本使用国内样机，机组运行试验周期短，没有严苛的试验和论证，面对复杂恶劣的海上环境，风电机组的故障率居高不下。

2. 海上风电场结构失效风险

结构失效风险主要是指海上风机和海上升压站支撑结构的失效。我国海上风电产业正处于快速发展阶段，结构设计方面经验仍需进一步积累优化，加之海洋环境复杂、前期环境勘测误差较大、环境变化不可控因素等复杂原因，导致海上风电投产运行后存在结构失效风险。结构失效将会导致海上风电场的损毁停产，造成难以挽回的巨大经济损失。海上风电场结构失效风险主要包括结构整体倾覆、基础结构疲劳破坏、基础的腐蚀、塔架的腐蚀、意外碰撞、火灾爆炸等。

（1）结构整体倾覆。对于海上风电项目，基础结构的稳定性至关重要，一旦基础的结构不稳定，就会造成结构整体倾覆，直接导致风电机组所有构件的脱落或倒塌，造成项目的失败。

（2）基础结构疲劳破坏。海上风电基础在项目中的重要性不言而喻，而海水冲刷、施工缝强度降低等作用会导致基础的疲劳破坏。基础受到来自各个方向的振动荷载作用力，一般在整个寿命周期约有107次循环荷载的作用，对施工缝强度造成的影响很严重，很容易造成基础的疲劳破坏。不同的基础结构形式不同，其抗疲劳性能不同。而同一基础的不同部位，由于处于位置的不同，其受到的应力不同，其抗疲劳性能也有所不同。

（3）基础的腐蚀。海上风电机组的基础大多处于干湿环境交界处、海泥区，加上海洋的盐雾现象，基础受到的腐蚀很大，海洋生物对基础的附着也会造成基础的厌氧腐蚀，随着时间的推移，可能会导致基础稳定性和承载力的下降。

（4）塔架的腐蚀。作为风电机组的支撑结构，塔架是很重要的一部分。塔架长期暴露在海上大气环境中，而海上高温、高湿、盐雾等自然环境恶劣，导致塔架的外壁处在很高的腐蚀环境中。风电场的运行期较长，在此过程中，塔架受到的腐蚀性很大，对风电机组结构的正常运行造成很大的威胁。

（5）意外碰撞风险。船舶对风电场结构意外碰撞事故的发生会损伤风电站的结构，若与输送油的船发生碰撞，则有可能造成石油的泄漏和环境的污染。

（6）火灾爆炸风险。海上风电项目发生火灾、爆炸事故的概率相对较小，致灾因素主要有电气故障、机械故障、雷击、设备过保护、短路、电缆绝缘损坏以及维护失误等。火灾危险一般只会发生在单个风电平台中，对整个风电场而言危害性相对较小。

3. 海底电缆安全事故风险

海底电缆一旦发生损坏，则需要采用更换整条电缆的维修方式，不仅会带来高额的维修费用，还会造成海上风电场长时间停机，造成大量的电量损失，严重损害海上风电场的运营利益。电缆质量不合格、腐蚀、人为因素的破坏、附近渔船作业的损害，以及海底崩塌、地震、滑坡等海底地质环境的变化等都会造成海底电缆发生安全事故，影响供电的持续进行，造成经济损失。

4. 海上风电场的可入性风险

海上风电场运行维护工作主要障碍之一是风电场的进入，即将技术人员送到风电机组和变电站开展工作，并在完成任务后将他们带回岸上。海上风电场的进入方式必须保证在经济上可以接受的天气状况下，将技术人员运抵现场，登上塔架，安全到达机舱，并且处在一个合适的工作环境中。进入方式可能包括小艇、梯子到临时桥梁、相匹配的船只或尖端的可控平台系统等，对船只、梯子以及它们之间的附加装置有特定的要求。海上风电场的进入受以下两个主要因素的影响：

（1）运送时间。即运送维护人员从岸上运行维护基地到海上工作地点所需要的往返时间。维护人员每天可以工作的时间有限，一部分时间花在将他们运送到海上工作地点，这减少了他们在现场实际维护工作的时间。海上风电场离岸距离越远，往返运送时间越长，能花在实际维护工作上的时间越少，同时也增加了维护人员的疲劳风险。

（2）可及性。一般定义为可通过运维船进入海上风电机组的时间占总时间的比例，主要取决于海洋环境。例如，在某个海上风电场，一天中海浪的平均高度有40%的时间超过2m，如果运维船的安全设计只能在海浪高度低于2m时运送人员和设备，那么该风电场的可及性就是60%。

以上两方面因素都在某种程度上取决于风电场所处海域的环境条件，其中可及性受海洋环境条件的影响更大。海上风电场的可及性也是导致停机或非计划维护检修的重要原因，因为运行维护人员无法将每次定期或计划性维护检修都安排在海洋环境条件稍好的时间进行，即便借助最先进的海上交通工具，也无法实现全天候依赖人工巡检的方式对海上风电设备进行维护，风电场设备得不到妥善维护，自然容易出故障停机。海上风电场的计划维修时间要根据场址处的气候条件而定，应设法减少海上运送时间，增加风电场的可及性，将计划维修的时间安排在海上风电场风速较低的季节，既能最大限度减少对风电机组电力生产的影响，也能降低出海船舶的风险，从而降低运行维护成本和停工发电量损失。

5. 运维船靠离风险

运维船靠离的辅助工具主要包括绳索滑荡、安全吊篮、舷板舷梯以及小型船舶。在海上，运维船和人员靠离风电机组是产生最大安全风险的环节。保证作业人员和设备能够在多数海况下顺利进入和离开风电机组，是对风电机组实行检查、保养和维修最基本的一环。运维船靠离海上风电机组的风险包括：

（1）由于风电机组底部塔柱为圆形平面，船舶靠泊时的接触面小，加上风、浪、流的作用强，船舶不太可能锚定和系泊，不能像系靠在码头一样系牢在风电机组基础上。通常把装有多块垂直管状的防撞构件接入塔架，船艏可顶靠该构件停泊。船舶与静止机组之间产生相对运动，导致人员和设备的转移操作较为困难，特别是利用船上吊机向机组上吊运设备的过程中，当船舶摇摆时，可能会发生碰坏机组或设备的情况。

（2）船舶在波浪中移动和操纵艇上伸缩梯系统时，其安全操作受风、浪、流的方向、强度以及扶梯设在风电机组塔柱上的方位的影响，这就要求靠离机组的船舶能够根据风流条件的变化而选择不同的方向靠拢机组。在复杂多变的风流环境下，特别是风、流作用较强时，可能难以找到有利的靠离条件。

（3）采用运维船直接靠泊风电机组的方法受限于运维船的大小。排水量小的运维船抗风浪性能差；排水量较大的运维船抗风浪能力好，但在直接靠泊塔架时由于惯性大，可控性差，可能会发生破坏风电机组基础的情况。

（4）为保证作业人员安全和防止设备落海，人员在登离风电机组时一般不能随身携带设备，较重的设备也不能依靠人力搬上搬下机组。通过人力传递、索吊工具或零部件，增加了不安全的风险因素。

6. 通航风险

我国东部某些风电场处于潮间带水域，适合滩涂养殖，在捕鱼及养殖旺季，大量渔船活动于海上风电场附近水域，容易诱发水上交通事故。此外，大量渔船并未配备AIS，对于这部分渔船，难以监督其是否遵守水上交通安全管理规定。

在巡检和施工作业中，航行船舶之间，施工船之间，航行船舶与施工船之间，作业船与其他船舶之间有可能发生碰撞。

7. 资源调度风险

在风电机组分布广阔和自然条件特殊的海上进行维修工作十分不易，大部件维修和更换面临着吊装船数量不足、缺乏有在海上作业经验的专业吊装更换人员等资源调度风险。

大部件维修更换面临的风险因素之一是船舶的可用度问题，因此需要评估大中型船舶进入风电场场区的航行条件、航路和航程，并确认维修所需的船舶类型；中小型检修船舶的航路选择余地相对较大，若进入场区前趁潮航行，航程得以缩短，成本也将得到适当缩减。

4.4.2 海上风电场运维阶段风险分析

1. 社会与政治风险

海上风电项目不占用土地资源，远离居民生活区，且运行过程中不会漏油污染周围海域，这些特点决定了海上风电项目受到的社会因素的影响尤其是当地居民的影响不似陆上建设项目那么大。但海上风电项目目前多建设于近海区域，可能会对附近渔业养殖业造成影响，同时也会对生态环境产生影响，比如候鸟的迁徙、海域生物链改变等，一系列社会问题因此而生。此外，发生战争概率虽然不大，但一旦发生也是毁灭性的损伤。

结合海上风电项目的风险特点，将社会与政治风险细化为社会治安风险、生态环境风险、战争与内乱风险、政府政策风险。

（1）**社会治安风险**。指的是海上风电项目运行期间在社会安定方面可能引发的风险，主要包括：项目运营产生社会安全隐患；征用海域使原有养殖业及渔业受到影响而与相关居民产生纠纷；工程移民与附近的居民不能较好相融而造成社会治安风险等。

（2）**生态环境风险**。指的是海上风电项目运行期间在生态环境方面可能引发的社会风险，主要包括：噪声污染对候鸟迁徙的影响；项目海域底栖生物生态环境遭到永久破坏，噪声污染及振动波导致部分海洋生物种群迁移，使得该海域生物链遭到破坏，进而影响附近渔业和养殖业，引发居民不满等。

（3）**战争与内乱风险**。指的是海上风电项目运行期间遭遇战争或内乱破坏的风险。

不论何种国家性质，都有可能出现政局不稳的情况，政局的动荡由政府内因和外来势力干预导致。一旦发生战争将对海上风电项目造成致命损伤，因此其风险也是不容忽视的。中华人民共和国是主张世界和平的国度，中华民族是热爱和平的民族，我国奉行和平外交政策，在当前形势下，我国战争与内乱的风险等级较低，但不可忽略。

（4）政府政策风险。海上风电项目是一劳多益的工程项目，项目所在区域能够使用绿色能源，对当地环境保护贡献颇大，当地居民及相应的行政区都会受益。政府部门乐于引进投资建设运营海上风电项目，并会给予一定的鼓励措施，以吸引项目投资者，但近年来各地海上风电政策时有变化，政策的修订关系到海上风电项目能否顺利运行，亦是不容忽视的风险因素。

2. 自然环境风险

海上的自然环境要比陆上的复杂，海上风电场面临着盐雾、潮汐、海浪、冲刷、漩涡、闪电、台风等各种自然环境的影响。海水盐雾及海洋生物会腐蚀海上变电站、风电机组的基础和水上钢结构。潮汐与海浪会加大风电机组整体的静态和动态荷载。漩涡和冲刷会带动海床淤泥，引起变电站和风电机组基础的沉降。闪电可能损坏风电机组叶片、烧毁电子设备。台风袭击会直接威胁风电机组的生存，导致大面积停机甚至倒塌事故。

海洋自然环境的变化直接影响着海上风电场是否可进入、进入时间的选择、船只的选择以及海上运输时间等。海面风速多变，会影响运维船的出海安全，而潮汐会直接影响海上作业时间窗口，可能会导致运维人员在海上长时间滞留。

海上风电场的离岸距离直接关系到运维船的航速要求，离岸距离远的风电场需配备航速高的运维船或直升机。风电场及相关设施的布置情况，包括风电机组的数目及位置、港口或码头的数目及位置、零配件存储和服务地点等，也会影响运行维护的时间和成本。

海上风电项目运行期一般在三十年以上，运行期间受自然环境条件影响很大，台风、雷电、暴雨等气象灾害以及海洋灾害、地质灾害等可使海上风电场面临毁灭性的破坏。

（1）气象灾害风险。主要包括台风、暴雨、雷电、高温、低温冷冻、盐雾等风险因素。气象灾害一旦发生，必将对受波及的海上风电项目造成巨大损害，严重时会导致其无法继续运营，给项目投资者带来巨大损失的同时，也将对周围海域的生态环境造成严重的污染破坏。台风灾害一般会一并引发台风暴雨、台风风暴潮等多种海洋灾害，严重威胁到海上风电项目的健康使用寿命；台风的强烈湍流扰动会对风力机产生一种随机的强迫振动，是导致风力发电机组断裂损坏的主要原因。雷击是自然界中对风电机组安全运行危害最大的一种气象灾害，闪电释放的巨大能量会造成风力发电机组叶片损坏、发电机绝缘击穿、控制元器件烧毁等故障；其直接危害主要表现为雷电引起的热效应、机械效应和冲击波等，间接危害主要表现为雷电引起的静电感应、电磁感应和暂态过电压等。高温和强日照会使高分子材料老化速度加快，而高温致使海水蒸发加强将导致风机设备更易老化、被腐蚀；风电机组高速运转时，铁芯和转轴会产生热量，长期的高温工况会影响电机的正常工作，产生风险。北方海域的海上风电项目冬季易受寒潮影响，低温会诱导失速型风轮叶片产生不可预测的振动，由于冷温对复合材料叶片结构阻尼影响较大，甚至会引起叶片自身的结构阻尼下降，导致叶片结构发生破坏，影响风电机组正常运行。盐雾对海上风电机组的金属结构具有极大的腐蚀作用，对结构构件表面的保护性涂层也将造成破坏。

（2）海洋灾害风险。主要包括海浪、海冰、海啸、风暴潮等风险因素。海洋灾害一旦发生将对海上风电项目造成致命损伤，其通常与气象灾害具有并发性，以灾害链的形式出现。一般将波高超过6m的海浪称为灾害性海浪，其将对海上风电机组产生破坏性影响，为海上风电场的运行维护带来极大困难。我国北方沿海海域冬季常出现海冰现象，重叠冰与堆积冰的形成不但可给结构物以强大的冰压力，而且由于冰激引起的振动作用，也会给海上风电项目的使用和安全带来巨大的损害。海啸是由于海底地震、火山爆发、海底滑坡或气象变化产生的破坏性海浪，波速高达每小时700～800千米，对运行中的海上风电场具有极大的破坏性。风暴潮是由于强烈的大气扰动所引起的海面异常升高或降低的现象，灾害频繁严重时能够导致海上风电项目瘫痪。

（3）地质灾害风险。海底地震是主要的海洋地质灾害，往往可引发滑坡、塌陷等次生灾害，对海上风电项目的运行造成极大威胁。

3. 管理风险

目前我国的海上风电场运行维护管理经验相对缺乏，对于已商业运行的海上风电场的维护模式主要有由整机厂家负责维护、由风电场专业维修人员维护、由第三方专业公司维护几种模式。在海上风电项目运维管理过程中，无论采取何种运维模式，其组织结构和人力资源管理都是引起管理风险的两大因素。

（1）组织机构风险。组织结构是海上风电项目业主方项目管理最核心的问题，能够反映各工作单位、各工作部门和各工作人员之间的组织关系。组织结构合理与否影响海上风电项目运维工作是否能够有条不紊地进行。在不同的维护模式下，组织机构是不同的，应从多方面进行考虑。在运行维护中，设备风险是维护重点，在组装人员时需要考虑分组模式、挑选人员、轮班安排系统、维修质量检测和维修船舶等多个方面。设备检修时风电机组必须停机，风电机组停机会影响海上风电项目收入。因此在安排工作人数和工作制度的同时，也要合理制定检修时间和检修方案，人员专业配合协调，组织结构精简，合理控制检修时间，提高检修效率，增强设备运行可靠性。

（2）人力资源风险。在海上风电项目运维管理过程中，人力资源风险主要体现在人力资源供给不足、劳动力成本大幅度上升、员工队伍的稳定性等方面。在运行维护过程中，风电场所处的海上环境多变，运营维护人员个人心理复杂性及生理状态不稳定均会造成人力资源风险，甚至有可能导致运行维护工作无法达标，这种风险一般会造成难以估计的损失。一般可运用主观判断法，并结合定量分析方式，对运行维护人员的技术水平、不同模式下的管理者风险以及人员风险等方面进行评价。

4. 外力破坏风险

海上风电场环境复杂，面临诸多外力破坏的风险，典型的包括：

（1）船舶碰撞。塔筒和升压站平台是海上风电场的主要建筑物。一般海上风电场会建设在偏远的远离主航道的地区，但有时也会被迷航或动力失控的船舶碰撞，主要是一些非正常航线的船舶、运营期的维护船、平台补给船和正常航线上的船舶。这种风险主要是意外造成，可以通过航行警示标识和助航标识等方法进行防范。

（2）恶意破坏。海上升压站、海底电缆、风电机组易拆卸的辅助设备也有被恶意破坏和偷盗的风险。根据国外保险公司的相关数据显示，海底电缆受到破坏进行理赔的案例时有发生。人为恶意破坏的风险抑制需通过与当地的海上执法部门合作解决。

5. 运行维护风险

（1）运维设备风险。海上风电工程结构复杂，交叉作业施工经常性存在。海上风电工程特种作业包括电焊（气割）作业、起重吊装作业、钻机作业等，其中起重作业吊物具有体积大、质量大等特点，施工过程危险性较大。

由于海上风电场工作环境恶劣，工作人员开展运维工作所使用的交通工具大多是运维船或直升机，这两种交通工具受天气和海上状况的影响很大，技术难度也较高，使用成本昂贵，因此工作人员的海上作业安全风险较大。

（2）作业人员素质风险。海上运维期间作业人员频繁地来往于海上风电场与陆地之间，人员海上登离风电机组、在风电机组内开展维护作业、高处维修等作业不可避免产生人员安全风险。因此作业人员主观上的安全意识、技术水平、从业经验、面对突发事件的应急能力以及安全培训和技术交底的全面性，均会对海上风电运维期的人员安全风险造成影响。

（3）运维技术风险。海上风电运维阶段的技术风险主要体现在运维设备选择合理性、运维方案的针对性和适应性、作业海况预报的准确性、应急技术预案的完备性等方面。

4.4.3　海上风电场运维阶段风险评估

1. 海上风电场运维阶段风险评估

对海上风电场运维阶段进行综合风险评价，是综合考虑所有影响海上风电场运维阶段的风险因素对项目的影响进而对项目风险给出评价估计，基于此前介绍的风险识别和风险分析工作，选择有效的风险评价方法，比较和评价海上风电场运维期内的各种风险因素，对其重要性进行排序，获得重要性权重，以便预测风险较大的因素，在运维过程中可以有效控制。

海上风电场运维阶段的风险评估方法与建设阶段类似，此处不再赘述。结合此前对海上风电场运维阶段的风险分析，建立海上风电场运维阶段风险评估指标体系，如图4-5所示。

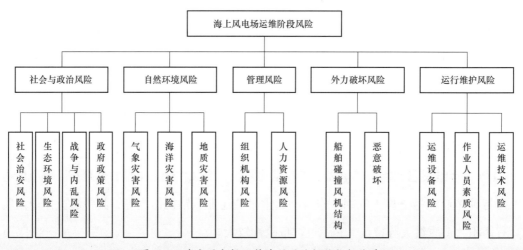

图4-5　海上风电场运维阶段风险评估指标体系

2. 海上风电机设备运行风险评估

针对海上风电机设备运行风险，此处采用FMECA方法进行评估。

FMECA方法，即故障模式、影响及危害性分析（Failure Modes, Effects and Criticality Analysis），由FMEA（故障模式与影响分析）和CA（危害性分析）两部分组成，是一种用于分析系统或部件中可能出现的故障模式，确定各故障模式对该部件及其上层系统产生的影响，并综合考虑每一种故障模式所造成影响的严重程度、故障模式发生概率、故障的检测难度及故障的危害程度，把全部故障模式进行分类或排序的一种风险分析技术。作为一种有效的可靠性分析和风险管理技术，FMECA常用于分析系统故障的因果关系，识别系统的关键部件及关键故障模式，为系统的风险控制与管理及优化研究提供理论基础。

FMECA的主要工作内容包括：确定已知和潜在的故障模式；确定各故障模式的原因及影响；将已确定的故障模式按照其风险优先指数进行排序；提供后续问题的纠正措施。其中，每一故障模式的风险优先数（Risk Priority Number，RPN）通过风险因素的发生度（O）、严重度（S）和探测度（D）相乘而来，进而每一部件的风险数可以通过同一部件的不同故障模式的RPN融合得到。

FMECA的基本步骤主要包含以下内容，如图4-6所示。

（1）**准备工作**。收集所分析对象的相关信息，包括技术规范、工作方案、可靠性信息、相似系统或以往经验等；明确分析对象的约定层次；定义严酷度类别等。

（2）**系统定义**。对分析对象进行功能分析，确定系统的子系统、部件、零件的划分规则，明确各组成部分承担的功能及相互关系。

（3）**故障模式分析**。根据故障依据、相似系统、试验信息、工程经验等信息，确定产品所有已知和潜在的故障模式。

（4）**故障原因分析**。依据产品自身情况与工程经验等信息，确定可能造成各故障模式的原因及故障发生的概率等级。

（5）**故障影响及严重度分析**。确定各故障模式对自身、高一层次和最终结果产生的影响，并分析其后果的严重程度。

（6）**故障检测方法分析**。依据各故障模式的原因和影响，确定其可能的检查方法。

（7）**设计改进与使用补偿措施分析**。针对各故障模式提出设计与使用方面的应对措施，从而达到避免或预防故障发生、消除或减轻故障影响的目的。

（8）**危害性分析**。包含故障模式严重度等级（S）分析、发生概率等级（O）分析和被检测难度等级（D）分析，并将S、O、D相乘得到综合度量指标风险优先数（RPN），按照RPN的大小对各故障模式进行排序。

（9）**确定关键工序或薄弱环节，提出纠正措施，形成FMECA报告。**

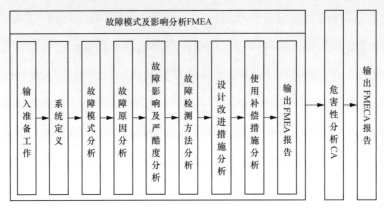

图 4-6 FMECA 分析步骤

其中，风险优先数（RPN）由故障模式的严重度（D）、发生度（O）、探测度（D）相乘得到，即：

$$RPN = S \times O \times D$$

严重度（D）、发生度（O）、探测度（D）等级评分准则见表4-1～表4-3。

表 4-1   故障模式的严重度等级（S）评分准则

影响程度	故障模式的最终影响 （对最终使用者而言）	故障模式的最终影响 （对后续作业而言）	评分等级
灾难的	产品损坏或功能丧失	人员死亡/严重危及作业人员安全及重大环境损害	10、9
严重的	产品功能基本丧失而无法运行/能运行但性能下降/最终使用者非常不满意	生产重大中断，危及作业人员安全、100%产品可能废弃/产品需在专门修理厂进行修理及严重环境损害	8、7
中等的	产品能运行，但运行性能下降/最终使用者不满意，大多数情况（＞75%）发现产品有缺陷	生产轻微中断，可能有部分（＜100%）产品被废弃/产品在专门部门或下生产线进行修理及中等程度的环境损害	6、5、4
轻度的	有25%～50%的最终使用者可发现产品有缺陷，或没有可识别的影响	生产轻微中断，导致产品非计划维修或修理	3、2、1

表 4-2   故障模式的发生度等级（O）评分准则

故障模式发生的可能性	可能的故障模式发生概率 P_o	评分等级
很高：故障持续发生或几乎不可避免	$P_o \geq 10^{-1}$	10
	$5 \times 10^{-2} \leq P_o < 10^{-1}$	9

续表

故障模式发生的可能性	可能的故障模式发生概率 P_o	评分等级
高：故障经常发生或相似工序发生重复性故障	$2 \times 10^{-2} \leq P_o < 5 \times 10^{-2}$	8
	$1 \times 10^{-2} \leq P_o < 2 \times 10^{-2}$	7
中等：故障偶尔发生或相似工序发生偶然故障	$5 \times 10^{-3} \leq P_o < 1 \times 10^{-2}$	6
	$2 \times 10^{-3} \leq P_o < 5 \times 10^{-3}$	5
	$1 \times 10^{-3} \leq P_o < 2 \times 10^{-3}$	4
低：故障很少发生或能够与相似工序发生的故障分离	$5 \times 10^{-4} \leq P_o < 1 \times 10^{-3}$	3
	$1 \times 10^{-4} \leq P_o < 5 \times 10^{-4}$	2
极低：故障几乎不可能发生或几乎没有相同工序发生过有关故障	$P_o < 1 \times 10^{-4}$	1

表 4-3　　　　　　　　故障模式的探测度等级（D）评分准则

检测难度	评价准则	检测方式			评分等级
		A	B	C	
几乎不可能	无法检测			√	10
很微小	现行检测方法几乎不可能检测出			√	9
微小	现行检测方法只有微小的机会检测出			√	8
很小	现行检测方法只有很小的机会检测出			√	7
小	现行检测方法可以检测		√	√	6
中等	现行检测方法基本上可以检测出		√		5
中上	现行检测方法有较多机会可以检测出	√	√		4
高	现行检测方法很可能检测出	√	√		3
很高	现行检测方法几乎肯定可以检测出	√	√		2
肯定	现行检测方法肯定可以检测出	√			1

注：检测方式：A—采用防错措施；B—使用量具测量；C—人工检查。

　　根据海上风电机组的结构组成及设备功能特点，构建海上风电机组系统、部件的层次关系，将海上风电机组分为传动系统、发电系统、控制及辅助系统、支撑系统4个系统。下面运用FMECA方法分别对海上风电机组的4个系统开展 海上风电机组故障模式及故障原因分析。

（1）传动系统。海上风电机组的传动系统由主轴系统和齿轮箱系统构成，FMEA分析如表4-4所示。

主轴系统主要包括主轴、轴承、轴承座、螺母等结构。其中主轴是重要的承重和传力的部件；轴承和轴承座是支撑部件，主要支撑旋转的主轴并降低摩擦系数。风机主轴在风机运转过程中会受到来自风轮载荷的轴向和径向的转矩、载荷和弯矩的共同作用，可引起主轴疲劳断裂、过载断裂等故障；随着风电机组运行时间的增加，轴承会出现磨损和疲劳等故障，影响风机运行；轴承座则可能出现断裂等事故并引起轴承损坏；密封圈由于老化等原因会出现磨损，引起主轴漏油；螺母也可能会在锁紧块冲击作用下发生松动，使主轴运行不平稳。

齿轮箱系统是风力发电机组最重要的传动机构，主要由齿轮箱齿轮、齿轮箱轴承和齿轮润滑箱等结构组成。齿轮箱在高速运转时，很容易磨损；若有异物进入到齿轮啮合区或冲击载荷过大，都容易令齿轮箱齿轮发生折断；齿轮箱润滑系统温度过高或过低，都可能导致齿轮箱故障。

表 4-4　　　　　　　　　　传动系统 FMEA 分析

序号	风机系统	部件	故障模式	故障原因	故障影响	严重度	发生度	探测度	RPN
1	主轴系统	主轴	疲劳断裂	材料内部有裂纹	主轴功能丧失，风机无法运转				
2				截面变化处有应力集中					
3			过载断裂	表面粗糙度过大	主轴功能丧失，风机无法运转				
4				载荷过大					
5		轴承	磨损	润滑不良，轴承密封不良	震动，噪声，风机运转出现问题				
6			疲劳点蚀	滚动体承载疲劳力的变化	轴承损坏，风机不能运转				
7				装配不当					
8				装配内外圈时因配合件不圆使内外圈畸变					
9		轴承座	断裂	铸件内部有裂纹等铸造缺陷	主轴无法运转，风机无法运转				
10				有应力集中					

续表

序号	风机系统	部件	故障模式	故障原因	故障影响	严重度	发生度	探测度	RPN
11	主轴系统	密封圈	磨损	老化	主轴漏油				
12				装配不当					
13		螺母	松动	拧紧力矩不足	主轴运动不平稳				
14				锁紧块受冲击后松动					
15		轴承盖	松动	连接螺栓受冲击后松动	主轴漏油				
16	齿轮箱系统	齿轮箱齿轮	轴弯曲	冲击载荷过大	齿轮损坏，齿轮箱振动，机组振动				
17			过载折断	冲击载荷过大	主轴功能丧失，风机无法运转				
18				齿轮过载					
19				轴弯曲					
20				硬物挤入啮合区					
21			疲劳损伤	齿面剪应力过大	箱体振动，运行不稳，影响机组效率和部件寿命				
22				齿面润滑不良					
23				润滑油不清洁有杂质					
24		齿轮箱轴承	轴承过热	轴承润滑不良	轴承烧损，齿轮副损坏				
25				温度传感器故障					
26			轴承疲劳损伤	轴承润滑不良	齿轮运转不畅，齿轮箱振动				
27				交变载荷反复作用					
28				有异物侵入					
29			轴承损坏	瞬间的冲击载荷过大	齿轮、箱体损坏，机组停机				
30				疲劳损伤未及时处理					

序号	风机系统	部件	故障模式	故障原因	故障影响	严重度	发生度	探测度	RPN
31	齿轮箱系统	齿轮箱轴承	轴承配合间隙大	安装不合理	转动噪声大，齿轮箱振动				
32				轴承材料缺陷					
33				减震装置故障					
34		齿轮润滑箱	润滑油温度过高	齿轮箱部件损坏	润滑油黏度降低，润滑不良				
35				齿轮箱发热油温上升					
36				温度传感器工作异常					
37				机舱散热系统工作异常					
38			润滑油温度过低	温度传感器工作异常	润滑油黏度升高，部件润滑不良，齿轮箱部件磨损				
39				机舱加热装置工作异常					
40			油位过低	齿轮油泄漏	润滑不良，部件磨损，影响机组效率				
41				油位开关产生误报					
42				油位开关工作异常					
43			油压过低	润滑油在低压力下循环	油泵工作异常，部件润滑不良，齿轮箱部件磨损				
44				管路泄漏					
45				黏度降低					
46				压力开关老化					
47			润滑油不清洁	滤清器过滤饱和	部件磨损，齿轮箱振动，影响机组效率				
48				管路渗漏					
49				部件磨损					

（2）发电系统。海上风电机组的发电机和风轮系统可都归类为发电系统。风机叶片将风能转换为旋转机械能，并通过传动链将机械能传递到发电机，再由发电机将机械能转换为电能。发电系统FMEA分析如表4-5所示。

风轮系统发生故障的主要部件是风机叶片，主要的失效模式包括叶片损伤、转动声音异常及不能以额定风速发电等。叶片在遭受到雷击、风暴等自然灾害的袭击时，易导致叶片大面积开裂甚至折断，海上盐雾侵蚀也会使叶片行梁和龙骨部位出现锈蚀，严重时可导致风机停机。此外，风轮系统在运行过程中也可能出现调速不灵或不能调向、不能稳定发电等故障，进而导致风机发电效率降低。发电机也是海上风机的重要部件，其运行环境恶劣，长时间处于电磁环境中，是最容易发生故障的系统之一。

发电机系统容易发生故障的部件包括发电机、轴承及温度传感器。发电机失效模式主要有发电机振动、噪声大，发电机过热等，其中，发电机过热会引起严重的失效后果，甚至引起发电机烧损；发电机轴承主要失效模式包括轴承过热或不正常噪声、疲劳损伤、轴承损坏；温度传感器故障会令温度信号无法传递到控制系统，导致绕组温度过高，甚至可能会引发轴承烧损。

表 4-5　　　　　　　　　　　发电系统 FMEA 分析

序号	风机系统	部件	故障模式	故障原因	故障影响	严重度	发生度	探测度	RPN
1	风轮系统	叶片	叶片损伤（表面腐蚀/蒙皮剥离/前缘开裂）	遭受雷击	叶片运转效率受影响，风机停机				
2				遭受极端风况					
3				冰雪灾害					
4				雨滴冲击					
5			叶片转动声音异常	机舱罩松动或松动后碰到转动件	叶片运转效率受影响，风机振动				
6				叶片轴承座松动或轴承损坏					
7				制动器松动					
8				发电机松动					
9				增速器松动或齿轮箱轴承损坏					
10				联轴器损坏					
11			风速超过额定风速，叶片不能以额定风速发电，不能输出额定电压	调速器卡滞	机组发电效率降低				

序号	风机系统	部件	故障模式	故障原因	故障影响	严重度	发生度	探测度	RPN
12	风轮系统	叶片	风速超过额定风速，叶片不能以额定风速发电，不能输出额定电压	发电机转子和定子接触摩擦	机组发电效率降低				
13				增速器轴承损坏					
14				刹车片回位弹簧失效					
15				计算机调速失灵					
16				转速传感器故障或未正常并网					
17				变桨距轴承损坏					
18				变桨距同步器损坏					
19			调速不灵或不能调向	调向阻尼器阻力太大					
20				扭头、仰头调速的平衡弹簧拉力过小或失效					
21				调向电机失控，风速计或测速发电机有错误					
22				调向转盘轴承润滑不良或轴损坏					
23				计算机指令有误、调向失灵					
24			风轮时快时慢不能稳定	调速弹簧失效					
25				调速油缸有气或液压管路有气，密封圈磨损漏油					
26			叶片转动但发电机不发电	发电机不励磁	叶片运转效率受影响，发电效率降低				
27				电刷与滑环接触不良或电刷烧坏					
28				励磁绕组断线					
29				晶闸管不起励					
30				发电机剩磁消失					

序号	风机系统	部件	故障模式	故障原因	故障影响	严重度	发生度	探测度	RPN
31	风轮系统	叶片	叶片转动但发电机不发电	晶闸管烧毁	叶片运转效率受影响，发电效率降低				
32				励磁发电机转子绕组断、短路					
33				发电机定子绕组断、短路					
34				直流发电机转子绕组断、短路					
35				定子或转子输出断、短路					
36	发电机系统	发电机	发电机振动大	与原动机耦合不好	发电机振动，机组振动，影响机组效率				
37				定子线圈绝缘损坏					
38				转子平衡不好					
39				转子断条					
40				旋转部分松动					
41				机组轴线没对准					
42				联轴器不对中					
43			发电机噪声太大	装配不好	影响机组效率				
44				轴承损坏					
45				硅钢片松动					
46				旋转部分松动					
47			发电机过热	轴承故障	电机烧损，机组停机，影响机组效率				
48				通风故障					
49				电机故障					
50				系统振动过大					
51				定子绕组局部短路					
52				冷却空气流量太小					
53		轴承	轴承过热或不正常噪声	轴承型号错误	轴承损坏，机组振动				

续表

序号	风机系统	部件	故障模式	故障原因	故障影响	严重度	发生度	探测度	RPN
54	发电机系统	轴承	轴承过热或不正常噪声	滚珠损坏	轴承损坏，机组振动				
55				润滑脂量不对					
56				轴承与轴配合有误差					
57				轴承与端盖配合错误					
58			轴承疲劳损伤	轴承润滑不良	轴承损伤，发电机振动，机组振动				
59				交变载荷作用					
60				有异物侵入					
61			轴承损坏	冲击载荷过大	发电机停机，机组停机				
62				没及时处理疲劳损伤					
63				安装不合理					
64			轴承配合间隙过大	安装不合理	转动噪声大，发电机振动，机组振动				
65				轴承材料缺陷					
66				齿轮箱减震装置缺陷					
67		温度传感器	温度传感器故障	绕组和轴承温度过高	疲劳损坏，轴承烧损，发电机振动				

（3）控制及辅助系统。偏航系统、变桨系统和液压系统是海上风机控制及辅助系统主要组成部分，FMEA分析如表4-6所示。

偏航系统是根据风向仪提供的信号，通过控制系统控制机舱旋转使风轮系统始终处于迎风面的装置。偏航系统持续运行过程中，驱动电机、偏航系统齿轮、偏航系统减速器、偏航液压系统及扭缆解缆保护装置是偏航系统故障发生的部件。驱动电机的失效模式包括振动过大和电机过热，引起发电机振动过大的原因包括驱动装置松动、轴承故障等，并导致偏航系统振动，而电动机润滑不良会导致电机过热并可能引发偏航故障；引起偏航系统齿轮故障的失效模式是齿轮磨损和齿轮断裂，两种失效模式均会导致偏航系统振动，并影响正常偏航；偏航减速器失效模式主要有齿轮损坏、轴承损坏、断轴以及减速器过热，齿轮和轴承损坏会导致偏航系统振动，甚至偏航失效，减速器过热则可能导致部件烧损，影响偏航；偏航系统动作会导致机舱和塔架之间的电缆发生扭绞，当解缆系统失效时，会使电缆达到危险的扭绞角度，并导致风机紧急停机。

变桨系统是根据风向改变桨叶攻角，从而保证风轮具有最大扫掠面积，保证风机系统发电效率最大化的一种装置，主要由变桨伺服电机、变桨系统减速器及变桨轴承组成。变桨系统伺服电机失效模式主要包括伺服电机过热和振动过大；变桨系统减速器在运行过程中会出现减速器过热、轴承失效等故障，影响机组变桨；变桨系统轴承主要失效模式为疲劳剥落、磨损以及轴承过热，疲劳剥落会导致轴承失效，甚至轴承断裂，轴承过热则会加剧齿轮磨损，最终影响变桨精度。

液压系统的主要功能是制动以及为偏航和变桨系统提供动力，主要组成部件为压力继电器和液压缸。压力继电器会发生输出量不合要求或无输出以及灵敏度太差等故障，导致压力值不准确并造成液压系统故障；液压缸在长时间运行过程中会出现爬行和冲击等故障，造成液压系统噪声甚至损坏，导致液压缸爬行的原因包括密封圈太紧、缸内存在空气、活塞与活塞杆不同心等，而导致液压缸冲击的原因则包括运动速度过快、柱塞和控制间的间隙过大以及阀体泄露。另外，液压油的污染也会造成液压系统灵敏性降低，影响液压系统正常使用及寿命。

表 4-6 控制及辅助系统 FMEA 分析

序号	风机系统	部件	故障模式	故障原因	故障影响	严重度 O S	发生度 S	探测度 D	RPN
1				驱动装置固定松动					
2				电机轴承故障					
3	偏航系统	驱动电机	振动过大	电动机润滑不良	电机振动，偏航系统振动				
4				偏航驱动耦合不好					
5				转子平衡不好					

续表

序号	风机系统	部件	故障模式	故障原因	故障影响	严重度 O	发生度 S	探测度 D	RPN
6	偏航系统	驱动电机	电机过热	电动机润滑不良	电机过热故障，影响偏航，偏航故障				
7				电动机轴承故障					
8				系统振动过大					
9		偏航系统齿轮	磨损	齿轮润滑不良	齿轮损坏，偏航系统振动，机组振动				
10				润滑油不清洁					
11				材料缺陷					
12			齿轮断裂	齿面剪应力过大	驱动装置振动，机组噪声大				
13				刹车装置故障					
14				冲击载荷过大					
15		偏航减速器	齿轮疲劳损伤	减速器润滑不良	齿轮损坏、偏航系统振动				
16				减速器润滑油不清洁					
17			轴承损坏	润滑不良	减速器振动，偏航系统振动				
18				安装不合理					
19			断轴	材料或制造缺陷	驱动装置失效，偏航失效				
20				冲击载荷过大					
21			减速器过热	部件磨损	部件损坏，影响偏航				
22				润滑不良					
23		偏航液压系统	液压管路渗漏	管路接头松动或损坏	影响偏航				
24				液压件损坏					

续表

序号	风机系统	部件	故障模式	故障原因	故障影响	严重度 O	发生度 S	探测度 D	RPN
25	偏航系统	扭缆解缆保护装置	解缆故障	偏航计数器故障	无法正常解缆				
26				偏航传感器故障					
27	变桨系统	伺服电机	伺服电机过热	电机轴承故障	变桨异常，变桨驱动力不足，影响机组效率				
28				系统振动过大					
29				电机润滑油脂过多或不足					
30			伺服电机振动过大	表面粗糙度过大	主轴功能丧失，风机不能运转				
31				载荷过大					
32		变桨系统减速器	轴承失效	轴承安装有偏差	减速器振动，影响机组变桨				
33				轴承润滑不良					
34			轴断裂	应力集中	影响机组变桨				
35			减速器过热	部件损坏	影响机组变桨				
36				冷却润滑不良					
37		变桨系统轴承	疲劳剥落	轴承强度不够	轴承失效，叶轮振动，影响机组变桨				
38				叶片交变载荷					
39			磨损	轴承润滑不良	影响机组效率				
40			轴承过热	润滑油温偏高	影响变桨精度，齿轮磨损加剧				
41				轴承温度传感器故障					
42	液压系统	压力继电器	输出量不合要求或无输出	微动开关损坏	压力继电器失效，液压系统故障				

序号	风机系统	部件	故障模式	故障原因	故障影响	严重度O	发生度S	探测度D	RPN
43	液压系统	压力继电器	输出量不合要求或无输出	电气线路故障	压力继电器失效，液压系统故障				
44				阀芯卡死或阻尼孔堵死					
45				调节弹簧太硬或压力调得太高					
46				与微动开关相接处的触头未调整好					
47				弹簧和杠杆装配不良，有卡滞现象					
48			灵敏度太差	杠杆柱销处摩擦力过大	压力值不准确				
49				装配不良，动作不灵活					
50				微动开关接触行程太长					
51				接触螺钉，杠杆等调节不当					
52		液压缸	爬行	缸内及管道存有空气	缸体两端爬行，有噪声，机械设备受到冲击				
53				缸某处形成负压					
54				密封圈压得太紧					
55				活塞与活塞杆不同心					
56				活塞杆不直					
57				导轨与滑块夹得太紧					
58			冲击	运动速度过快	剧烈的冲击振动，噪声，机组损坏				
59				柱塞和孔间隙过大					
60				单向阀反向严重泄露					

（4）支撑系统。海上风电机组的支撑系统包括风机机身和风机基础系统，FMEA分析如表4-7所示。

风机机身的故障主要来自机舱和塔架。发电机机舱振动会引起风电机组振动、噪声，使发电效率降低，引发机舱振动的原因为轴承座松动与损坏以及轴承间隙过大；浮式风机塔架则易受到海上恶劣风况的影响，外界载荷作用在塔架上会导致浮式风机塔架疲劳甚至破坏，引起机组停机。

固定式基础的故障主要考虑腐蚀，此处重点分析浮式风机基础系统的故障模式。浮式风机的基础系统故障主要来自浮式基础和系泊系统。浮式基础故障发生主要部位是浮式风机立柱部分，立柱会受到来自过往船舶的撞击并导致破损，引起机组停机，海水被输送到错误的压载舱也会导致浮式基础失效，造成机组倾斜、停机；系泊系统主要失效模式包括悬链线疲劳破坏、连接器疲劳破坏以及锚设计安装不当，悬链线疲劳破坏主要受到来自海上飓风和波浪作用，连接器疲劳破坏主要来自波浪力作用，系泊系统故障会导致机组无法正常定位，并严重影响机组正常运作。

表 4-7 支撑系统 FMEA 分析

序号	风机系统	部件	故障模式	故障原因	故障影响	严重度 O	发生度 S	探测度 D	RPN
1	风机机身	机舱	发电机机舱振动	风轮轴承座松动	机组振动，噪声，发电效率降低				
2				可变桨距轴承损坏					
3				转盘上推轴承间隙太大					
4		塔架	塔架振动或频繁晃动	塔架基础地脚螺母松动	机组停机				
5			塔架破坏	外界载荷作用引起塔架疲劳	机组停机				
6	风机基础系统	浮式基础	立柱舱室破损	过往船舶撞击	机组损坏，停机				
7			压载系统故障	海水被输送到错误的压载舱	机组倾斜，停机				
8		系泊系统	悬链线疲劳破坏	海上飓风的影响	机组无法定位，停机				

续表

序号	风机系统	部件	故障模式	故障原因	故障影响	严重度 O	发生度 S	探测度 D	RPN
9	风机基础系统	系泊系统	悬链线疲劳破坏	波浪的作用	机组无法定位，停机				
10			连接器疲劳破坏		机组无法定位，倾斜，停机				

结合大量海上风电场运行数据和专家打分意见，可对各故障模式的严重度等级（S）、发生度等级（O）和探测度等级（D）进行判定，进而将S、O、D相乘得到综合度量指标RPN，即可按照RPN的大小对海上风电机组各故障模式进行排序，从而确定故障风险较高的部件及故障模式，并提出优化或防范措施，形成海上风电机组运行FMECA报告。

4.4.4　海上风电场运维阶段风险控制

1. 社会与政治风险控制

认真学习、充分了解国家颁布的关于海上风电场的政策，掌握相关条例，了解并熟悉本项目所处的经营环境，最大限度地减少投资失误，将风险降到最小化。要积极应对政策的调整和变化，投资者往往对于国家政策调整的可控度非常低，基本无法通过自身来有效控制，所以要积极采取相应的有效措施来降低自身的风险和损失。如结合项目发展的需求，尽量选择补贴金额大且长期稳定的补贴政策，同时项目内部需成立应急方案小组，重点把握国家相关政策的变化并做好预防措施，及早采取对策，使风险尽可能降低。

海上风电场涉及海洋、能源、交通、气象、环保和军事等多个部门，投资者需要了解并熟悉所涉部门的相关政策条例，进行部门之间的沟通与协调，尽量降低海上风电场的开发程度，降低风险。

要积极地与当地政府协调，通过在项目所在地开展宣传教育工作，引导社会大众对项目海上风电场有一个正确、积极的态度。制定、完善项目应急预案，对可能发生的突发事件，提前做好舆情应急处置相关准备工作，控制报道，引导舆论，有效的化解紧急情况下的潜在风险。

实施风电场所在海域生态修复工程，对海域水生生物资源进行定期监测，有针对性地实施底栖生物及鱼类补偿性放流工作，以减缓工程对海域水生生态系统的影响。

2. 自然环境风险控制

自然灾害和恶劣天气是人为不可控制的风险，在海上风电场运营过程中不可避免会受到这些灾害的影响，在海上风电场选址时，利用相关历史资料，对该地区的自然灾害和恶劣天气的发生频率及危害程度进行调查和评估，尽量选择风速稳定、台风路径较少的区域。同时应优化设计和安装质量，尽量保证风电设备的抗台风、防雷击、防盐雾湿热、抗腐蚀等性能，避免由于施工工艺不良给机组的安全稳定运行和人身安全带来威胁，在一定程度上增强海上风电设备对于自然灾害的抵御能力。做好海上风电设备的紧急预案工作以及设备和机械的日常维护，保证在自然灾害发生时有相应的解决方案，保证风电场的正常运营。

做好台风预警工作。应根据气象部门发布的台风灾害预警信息，跟踪台风的移动路径及风雨强度变化，及时做好应对策略，最大程度上减少台风灾害对风电场的破坏，风电场充分利用台风，提高发电效益。同时还应依据风电功率预测系统发布的风速、风向预测信息，做好风电场的发电计划，合理安排风机运行。做好安全防范措施。台风是强烈的热带气旋，台风蕴涵的巨大自然能量将对风机设备结构施加静载荷和动载荷叠加效应，形成周期性激荡，如周期恰与风电机组固有振动周期相近时（或整数倍时），应使叶轮处于避风自由状态，避免台风与风机设备结构产生横向共振，使之叶片出现裂纹、撕裂、折断，偏航和变桨系统受损，甚至倒塔，最终导致机组损坏。

此外。对于海上风电场这一类高风险、高投资的项目，购买保险可以很大程度对自然风险进行转移。

3. 管理风险

完善公司组织体系。项目投入运营后，要选择合适的风电场运营模式，并建立相匹配的管理组织结构，确保组织机构设计科学、合理、高效，不断提高风电场运营效率同时，结合公司自身经营情况明确职责权限、任职条件、议事规则和工作程序，合理地设置内部职能部门，明确各部门的职责权限和相互之间的责权利关系，形成各司其职、各负其责、相互协调、相互制约的工作机制。

加强人员培训。海上风电场工作环境非常艰苦，企业要在恶劣的条件下尽可能为员工提供舒适的生活环境，同时不断完善企业激励制度和企业文化建设，增强团队的凝聚力和向心力，使团队成员积极向上，这样才能稳定人才队伍，防止人才流失，建设可靠有力的技术团队，为项目的建成、运营和维护提供强有力的人才保障。随着风电场企业的快速发展，对运维管理人员已经提出了更高的要求，工作人员不仅仅要掌握基础的电气工程知识，还要对机械工程、自动化技术及国外风电场发展的先进技术进行全方位的学习。要加强团队人才尤其是复合型人才的引进、培训和储备，对团队现有人员在素质、技术和管理等方面进行培养，加强技术人员的管理能力以及管理人员的相关专业知识和技术，为项目提供高素质复合型人才。

4. 外力破坏风险

落实水上交通安全监管责任。海事管理机构应依法履行水上交通安全监管责任。对于源头符合规划，公司、经营活动、码头、船舶等法定许可手续完备的，应重点监督各安全生产主体责任落实，对风电场附近海域船舶实施现场监督和船舶安全检查，对船舶航行、停泊、作业及船员情况实施日常巡查。对于源头不符合规划、相关审批手续不完善的，海事管理机构应将有关情况报告属地政府、通报有关行业主管部门，建议政府综合治理，主动配合政府和相关部门治理，推动形成政府牵头、部门联动、齐抓共管的综合治理格局。

5. 运行维护风险

要全面保障技术人员的安全问题，确保海上作业经验丰富的技术人员不流失，定期对操作人员进行安全知识、专业技能的培训，定期进行突发事件的应急预案演练工作，以提升团队人员的整体素质，为项目的实施提供坚实的技术支持。

提高作业人员的安全意识，有针对性地强化安全培训，确保所有员工都具备安全技能。在已有理论知识的基础上结合海上风电场实际工作情况，编制《员工安全教育培训手册》《新员工培训指南》，落实专项安全讲座，普及与船舶、电力专业的安全管理知识。

考虑到海上作业特殊性，提高出海作业人员的选拔标准与资格认定。作业人员应具备电力安全生产技能、常规知识等，此外，必须参加高空救援、高空作业、海上救生、急救等方面的专项培训，取得培训资格合格后，方可到岗位任职。

针对海上项目制定应急处置方案，定期开展海上自救互救应急培训和演练，并在允许的条件下，适当增加一些跳水实操项目。组织开展各类反事故演习，特别是针对海上人员及设备影响较大的突发情况如全站失电、通信中断、火灾逃生救援、海上逃生救援等进行应急演练，保证海上风电场运维人员熟练掌握海上逃生救援设备及各类应急装备的使用，提高生产人员应对突发情况的处置能力，特别是掌握海上逃生技能、海上救护等技能。与周边海上风电场建立应急救援联动机制，提高应急救援能力。

充分结合海上风电运维项目的特殊性，有针对性地开设符合项目地实训课程，构建标准化、规范化的安全培训体系。务必让所有作业人员都参加标准化的安全实训，并提高人员的安全意识，特别是预防、处理各类安全事故的能力。

根据项目的实际需求选择合适的船舶和起重装备，在运营的过程中技术人员要严格按照设备的使用规范和要求进行合格的操作。借鉴国外经验，建造专业运维船用于海上运维；委托专业的运维船舶管理公司，提升运维船舶管理能力；建立健全运维船舶管理制度。安全管理人员要不断优化设备维护方案，调整作业方式，在保障施工质量的前提下尽量缩短海上作业时间，以降低相关风险。

综合运用海上风电设备状态监测技术、机组关键部件故障诊断技术、海上风电场电力送出系统故障诊断技术，不断提高监测技术的准确和故障诊断技术的精度，实时掌握海上风电设备运行状况，在设备发生故障之前进行合理预判，及时开展维护工作。

考虑到海上风电交通不便，安全监管困难等特点，海上风电场可通过在海上升压站、风机各紧要位置，部署安装视频监控系统，并适当增加数量，保证清晰度，以实现海上升压站内、风机内及风机附近海域得到有效监控。同时，在海上升压站加装通信基站、无线WIFI、4G网络及IP电话，配置卫星电话，以便做到各项作业实时、全程、无死角监控并保证通信畅通，为各项作业的安全监督、应急通信提供有力保障。另外，有条件的企业也可投入生产管理系统移动终端（APP）的应用，充分发挥手机移动客户端两票异地远程办理功能及无纸化、标准化巡检等优势，以助推海上人员作业的安全生产管理，提高办公效率。

5 海上风电事故案例分析

近年来，在全球范围内海上风电抢装热潮下，海上风电行业得到高速发展的同时，海上风电事故时有发生并往往严重威胁到工程人员的生命安全，且会对企业造成难以挽回的经济损失和社会不良影响。因此，分析海上风电事故发生趋势及特点，对于加强海上风电行业风险的认识、建立事故预想、谨防事故发生、促进海上风电行业长远发展有着重要意义。

5.1 海上风电事故发生趋势

5.1.1 国外海上风电事故发生趋势

G+ Global Offshore Wind Health & Safety Organisation 是一个全球性的海上风电健康与安全组织，由行业内的9家公司共同组建，每年召开一次大会并发布年度全球海上风电安全事故统计数据报告，报告样本来源于其会员企业每季度提交的事故数据，由能源研究所进行匿名分析并每年公布，统计的项目样本90%以上位于欧洲，未包括中国大陆的海上风电项目。表5-1列出了2017～2021年间全球海上风电事故后果情况。

表 5-1 2017～2021 年海上风电事故后果汇总

事故后果	2017 年	2018 年	2019 年	2020 年	2021 年	总计
完全失去工作能力的工伤	49	39	62	43	50	243
失去部分工作能力的工伤	30	34	23	30	22	139
短期失去工作能力的工伤	78	45	38	22	34	217
可现场简单救治的轻微工伤	226	223	267	201	283	1200
险些发生的事故	315	163	230	193	223	1124
潜在高危风险因素	63	133	102	107	83	488
无伤亡的设备损坏事故	332	65	137	147	85	766
总计	1093	702	859	743	780	4177

该组织2018年发布的报告中，共报告了854起全球范围内的海上风电行业事故。其中，在投入运行的风电场中发生的事故510起，在施工和调试现场发生的事故314起，在项目开发和同意阶段发生的事故30起；死亡事故0起。事故高发的地点为风电机组、作业船舶和陆上，事故数量分别为288起、278起和223起；事故最高发的作业环节为海上作业、进出场过程和起吊施工，事故数量分别为155起、99起和79起。该组织将易导致死亡或者致命伤害的事故定义为高风险潜在事故，根据数据统计，2018年全球海上风电安全事故数量较2017年有所下降，高风险潜在事故相比2017年下降了13%，但高风险潜在事故数量依然较多，共计256起，且大多发生在吊装作业和船上作业过程中，多发区域主要集中在船上和发电机组上，未来仍需对高风险潜在伤害事故加强关注。

施工船舶能够在有限的时间内运载大批施工人员，因此，相关的安全事故往往影响范围较大，应当引起足够重视。2018年，共发生278起与船舶相关的事故及危险，其中34%为高风险潜在事故。G+组织会员企业通过出台实践工作指南来提升作业安全性、船舶技术和船员的能力，有效减少了相关安全事故的发生，安全事故的发生次数较2017年得到大幅下降。

根据数据统计，2018年海上风电领域共发生了66起高空坠物事故，较2017年降低60%，风电机组的设计优化和新型的固定装置有效降低了高空坠物事故的发生。按高空坠物事故发生的地点来看，56%发生在风电机组上，26%发生在船舶上，15%发生在岸上，3%发生在海上。高空坠物是海上风电产业的重大安全威胁之一，为此，G+与高空坠物预防组织DROPS联合发布了2019年版《海上风电高空坠物预防保障手册》，吸取其他高风险海上工业的经验教训，帮助业界降低高空坠物的风险。

该组织2019年发布的报告显示，2019年全球海上风电行业共发生252起高风险事故，是自2016年起连续第三年下降，其中一半以上都发生在爬梯及高空作业过程中，发生的场所主要是风机和运维船。高风险事故虽持续下降，但人身伤害事故较2018年有所增加。2019年的事故中共发生62起人身伤害事故，远高于2018年。在这62起人身伤害事故中，有28起发生在船上，其中多数为运维船；15起发生在风机上；另有17起发生在陆上，2起为其他事故，未发生死亡事故。

该组织2020年发布的报告中，共报告了743起全球范围内的海上风电行业事故，其中引起紧急响应或医疗后送的事故20起，未发生死亡事故，是有记录以来医疗救治伤害数量最少的一年。事故高发的地点为风电机组、作业船舶和陆上，事故数量分别为241

起、232起和207起。发生事故数量最多的作业环节是吊装作业，共发生了94起事故，其次是人工搬运过程和进出场过程，分别发生了60起和57起事故，但与往年相比，事故数量均有所下降，证明了行业在优化作业流程、改善作业环境、提高作业人员安全意识与作业能力等方面所作的积极工作。高风险潜在事故和人身伤害事故共204起，是2015年以来的最低值，与2019年相比减少了19%，这种改善主要是由于吊装作业中的高危事故减少了43%，而船舶运输过程中造成人员失去工作能力的事故也减少到了0，但同时，根据数据显示，在高空作业、电气系统作业、攀登和绳索进入过程中，高潜在危险有所增加。船员转运船是2020年的主要事故场所，共发生了79起事故，虽与2019年相比事故总体上减少了16%，但仍是发生事故最多的场所，并且事故影响的人员较多，未来应着重在作业人员配备水平、疲劳以及船舶适用性等方面进行优化。机舱是2014年以来累计历史事故最多的场所，由于工作流程的优化、风机设计的改进以及维护方法的改进，近年来发生事故的数量逐年降低，2020年在机舱发生的事故数量为78起。

2021年全球海上风电场的装机容量和建设项目大幅增加，在建项目的工作时间与2020年相比增加了28%，从1490万小时增加到了1910万小时，达到有记录以来的最高值。随着更多的海上风电场投入运营，在海上环境中作业的潜在风险将继续增加。2021年共记录了204起高风险事件，与2020年数据持平，其中大多是高风险潜在事故，占比为79%，涉及人员伤害和资产损失的事件相对较少，占21%。机舱和船员转运船仍然是主要的事故发生场所。机舱是发生事故和人员伤害最多的区域，2021年的事故数量达到91起，比2020年增加了16%；机舱内发生了30起高危事故，比2020年增加了88%；但由于改进了风机的设计和维护方法，2021年可记录的受伤人数为9人到达历史最低值，比上一年减少了47%。船员转运船是发生事故数量第二高的区域，共发生85起事故，比上一年增加8%，其中有18起高危事故，与上一年情况持平；大多数事故发生在运输过程中，其实有32%为高危事故；涉及吊装作业的事故有9起，其中44%为高危事故。吊装作业、人工搬运和船舶作业仍是发生事故最高的工作环节，与前几年的趋势相似，但高空作业事故数量大幅降低，比2020年减少了28%。

5.1.2　国内海上风电事故发生趋势

近年来，国内海上风电产业在"抢装潮"的影响下得到飞速发展的同时，也带来了诸多施工质量和施工安全的隐患，表5-2对近年来国内海上风电事故的情况进行了简要总结。

表 5-2   国内海上风电事故情况

年份	作业环节	事故模式	事故原因	事故后果
2016	海上运输	船舶碰撞 船舶倾覆 人员伤亡	对环境条件认识不足； 操作不当； 作业船舶间疏于沟通、观察； 渔船违规载客； 船员证书不适任违规操作； 劳动纪律松懈、监管不严	渔船沉没，15 人落水，7 人死亡
2017	海上升压站安装	火灾	恶劣天气影响（雷电）； 电缆爆燃； 消防设施不完备； 作业人员违规滞留	海上升压站受损，19 人跳海求生，18 人获救，1 人失联
2017	风电场运行	船舶碰撞	恶劣天气影响（台风）； 船舶走锚失控	船舶与海上风电机基础发生碰撞，船舶进水沉没，风机基础严重损毁
2018	风机安装	安装船下沉	桩靴穿刺、滑移； 作业海域不良地质条件	17 人遇险后安全撤离
2019	风电场运行	船舶碰撞	船舶疏于瞭望； 未及早采取避碰行动； 船舶不适航； 船员证书不适任违规操作	船舶与海上风电机发生碰撞，船舶进水沉没，3 人死亡，3 人失踪，风电机组受损故障
2020	基础安装	桩锤脱落	打桩过程中发生溜桩现象导致桩锤脱落； 作业海域不良地质条件； 施工前地质勘测工作不充分； 缺乏有针对性的应对方案	桩锤脱落导致桩机和桩基础损坏
2020	移船	安装船浸水 设备损坏	桩腿拔出时水密门未关闭，导致海水倒灌机舱，整体水浸； 应急预案不完备； 人员管理和培训不足	安装船浸水导致设备无法正常运转
2020	基础安装	吊臂折断	起重制动器某关键部件损坏	船上起重机吊臂折断坠落导致设备损坏
2020	海上运输	船舶搁浅 设备损坏 船舶失控	抛锚避风	运输船在港口门外抛锚避风造成船舶搁浅，舵机损坏、锚机故障，船舶失控
2021	海上运输	船舶碰撞	涌浪较大（海况影响）	运输船右舷被锚艇艏部撞击受损
2021	拖航	船舶碰撞	操作不当 航道规划不合理	船舶刮到航标灯滞留 30 小时

年份	作业环节	事故模式	事故原因	事故后果
2021	海上运输	船舶碰撞	涌浪较大（海况影响）	运输船左舷尾部被锚艇撞击受损
2021	风机安装	坠物	操作不当	变流柜上盖滑落致工人额头三厘米伤口
2021	基础安装	吊装索具钢丝绳崩断	吊装设备性能不满足要求	稳桩平台掉落到运输船甲板面，5人受伤
2021	基础安装	稳桩平台歪斜	大风大浪（海况影响）	稳桩平台歪斜受损
2021	海上运输	缆绳崩出	操作不当；索具性能不满足要求；作业人员安全意识不足	运桩船靠泊，船尾带缆收紧作业中两名船员被崩出的缆绳击中，未戴安全帽的船员当场身亡，另一船员头部受伤
2021	海上运输	船舶触碰	操作不当	船上9人遇险
2021	拖航	缆绳崩断	涌浪较大（海况影响）	安装平台抵达作业位置解拖抛锚，带缆作业中，由于涌浪影响使锚艇上下颠簸厉害，缆绳崩断，造成安装平台一水手小腿骨折、一水手皮外伤，锚艇一水手腿部受伤
2021	风机安装	高空坠物	索具使用违规	取用固定设备用的宽扎带充当吊索具起吊导流罩，使导流罩吊至一半高度时坠落海中
2021	海上运输	船舶碰撞	涌浪较大（海况影响）	运输船离驳时与安装船发生碰撞，造成安装船救生艇损坏
2021	海缆敷设	船舶碰撞	船舶走锚	海缆敷设船抛锚待命时，因海上涌浪大突然走锚，与机尾附属件发生碰撞使附属件钢结构变形
2021	风机安装	吊带断裂风机叶片受损	涌浪较大（海况影响）操作不当	因运输船旁灯塔影响叶片吊装，采用履带吊吊住灯塔后对灯塔进行割降作业，作业中由于涌浪造成的船体起伏将履带吊吊带拉断，致使未完成割除的爬梯局部偏移割伤叶片，后移除支架过程中与叶片发生二次剐蹭

续表

年份	作业环节	事故模式	事故原因	事故后果
2021	海上运输	艉缆断裂 船舶碰撞	船员专业素质不达标； 作业人员违规无人值守	运输船靠泊安装船期间无人值守，艉缆断裂后多方呼叫无人应答，连续两次碰撞安装船使安装船救生艇及艇架报废
2021	风机安装	高空坠物	安全检查不到位	风机塔筒吊装作业中，一定位销从顶部平台与塔筒缝隙处掉落，砸伤塔筒底部作业人员手背致掌骨骨折
2021	海上运输	船舶碰撞	操作不当	运输船靠泊驳船时发生碰擦，运输船甲板和船体轻微受损
2021	风机安装	安装船中拱	作业海域海底冲刷严重； 缺乏水下监控	受潮流影响，施工的半潜船艉艉底部坐沙被掏空，造成船体发生严重中拱，船身中部结构损坏进水搁沉
2021	海上运输	船舶碰撞	转流较快（海况影响）	锚艇靠泊自升式驳船时，由于海水转流较快，锚艇尾部轮胎碰擦驳船桩腿
2021	风机安装	风机叶片受损	涌浪突变（海况影响）	安装船准备起吊风机叶片拆除连接螺栓时，由于海面涌浪突变，叶片与工装最后连接部分受力，导致叶片根部螺栓连接处受损约 45cm
2021	风机安装	吊装设备损坏	人员不足违规操作； 设备完整性不满足要求； 设备安全检查不到位	安装船上用缆风绳拉叶轮时，因现场施工人员数量不足，三名船员参与到拉缆风绳作业中，将缆风绳尾端绑在甲板面的"地拎"上，由于叶轮牵扯力度较大，加之"地拎"焊接部位锈蚀严重，导致"地拎"被拉断反弹，一名船员死亡，两名受伤
2021	风机安装	安装船浸水	恶劣天气影响（热带风暴）	安装船在热带风暴来临前未及时撤离避风，现场抛锚抗风导致甲板上水，生活区灌进海水

年份	作业环节	事故模式	事故原因	事故后果
2021	风机安装	高空坠物	指挥不在岗； 违规操作	安装船吊装作业空钩起升时，起重指挥不在现场，加上限位失效，导致钩头冲顶，吊钩及钩箱从100m高空坠落砸穿船体
2021	风机安装	其他人身安全事故	设备故障	叶轮螺栓打力矩作业时力矩枪后座蹦出打伤作业人员眼眶
2021	风机安装	船舶碰撞	操作不当	锚艇钻到安装船下方将船底部顶穿两个洞
2021	风机安装	作业人员高空坠落	违规操作 设备故障	用登高车到导管架送人时，登高车油缸故障，伸缩臂快速回收，导致篮筐内2人安全带扯断甩飞出去当场死亡，另1人在篮筐内送医抢救无效死亡
2021	风机安装	安装船倾覆	桩靴穿刺、滑移； 作业海域不良地质条件； 由三条腿钻井平台改装而来的风电安装平台稳定性弱	安装船倾覆，67人落水，安全转移63人，4人失联
2021	风机安装	风机叶片受损	操作不当	风机吊装作业时叶片未锁死打到吊机大臂，三叶片均损坏
2021	拖航	其他人身安全事故	舱室内存在安全隐患； 作业人员安全意识不足； 违反安全操作规程； 安全防护及应急准备不到位	起重船拖航前舱室检查过程中，1名船员中毒身亡，随后2名船员进去营救也中毒身亡
2021	风机安装	高空坠物	设备故障	安装船进行单叶片吊装时，单叶片工装故障，叶片掉落甲板面
2021	拖航	船舶碰撞	操作不当	锚艇配合安装船移船时将安装船推进器前方空舱顶出一个小洞
2021	全环节	火灾	雷击	叶片遭雷击起火
2021	基础安装	吊装时桩基滑落	吊装设备故障	吊装四桩导管架的四根主桩，起桩时，可调液压翻桩器的液压系统失灵，桩体掉落并将运输船上两个待吊工程桩砸变形

年份	作业环节	事故模式	事故原因	事故后果
2021	全环节	作业人员突发疾病	人力资源管理不足	台风来袭期间，1 名船员突发脑溢血，历经 11 小时送至岸上就医
2021	勘探	船舶倾覆	恶劣天气影响（台风）	台风来袭期间，自升式施工平台上作业人员全部撤离，风后发现平台倾覆
2021	移船	船舶故障	风浪大（海况影响）	施工船移船进点，降船后风浪大，桩腿液压系统出现问题船抬不起来，导致船舶摇晃履带吊防风绳断裂，履带吊回转齿轮啮齿失控齿轮被打坏
2021	风机安装	船舶碰撞	水流急（海况影响）	运输船因水流急走锚，船舶至船身中段碰擦安装船桩腿
2021	风机安装	高空坠物	吊装设备故障	吊装叶片时叶片掉落折断
2021	全环节	船舶失控	恶劣天气影响（台风和冷空气）	船舶在台风和冷空气共同造成的强风浪影响下锚链全断船舶失控，漂航约 170 海里两天才被救助船成功接拖
2021	全环节	吊臂坍塌	风浪大（海况影响）	起重船避风过程中横在浪里，在 5m 爬滩浪的影响下船舶摇晃厉害，大臂从龙门架上摇下来，可令吊被顺带打断
2021	海缆敷设	作业人员落水	作业人员安全意识不足；救生设备不完备；缺乏监管，安全生产责任制不健全	渔民在沙滩发现 1 名穿有工作服未穿救生衣的溺亡人员
2021	风机安装	安装船桩腿折损	由三条腿钻井平台改装而来的风电安装平台稳定性弱	由钻井平台改造的风电安装平台施工期间一条桩腿折损
2021	风机安装	安装船倾斜	施工前地质勘测工作不充分；缺乏有针对性的应对方案	安装船在施工中侧倾，导致 2 个吊机掉入海里，后续被调平

续表

年份	作业环节	事故模式	事故原因	事故后果
2021	风电场运行	海缆受损	恶劣天气影响（台风）； 船舶作业风险预控不到位； 海缆安全监测系统管理不善	施工船避风抛锚定位伤及海缆，致海缆 B 相损坏，两座海上升压站开关跳闸，80 余台风电机组停运 107 天
2022	基础安装	安装船倾覆	恶劣天气影响（台风）； 缺乏有针对性的应对方案； 由原油运输船改装而来的浮吊船； 船体及配套设备能力不足； 作业人员未及时撤离	安装船于防台锚地避风时锚链断裂，走锚沉没，船体折断成两截，26 人落水失联

结合国内近年来海上风电行业的事故统计，将近年来海上风电行业事故发生趋势及特点总结如下：

（1）海上风电事故数量总体呈逐年下降趋势，但事故仍较为高发，且事故造成的人身伤害和经济损失较大。

（2）天气是造成事故的重要因素，作业船舶大多可以在台风、热带风暴等恶劣天气条件前及时撤离避风，但仍有部分船舶未能及时撤离而造成严重事故后果。风浪造成的事故类型主要有船舶碰撞、船舶/平台歪斜甚至倾覆、船舶失控、设备损坏、缆绳崩断、吊装索具崩断、吊臂坍塌、风机叶片受损等。

（3）船舶碰撞是一种高发的故障模式，多数发生在运输船靠泊或锚艇协助安装船移船等场景下，由于涌浪大等海况的影响造成碰撞。也有部分事故是由于作业人员操作不当或违规无人值守等造成碰撞。

（4）吊装环节中发生高空坠物是易造成严重后果的故障模式，除吊装设备故障造成的事故外，多起事故是由于作业人员的违规操作，如起重指挥不在岗、违规拆除吊机限位、违规使用不符合要求的索具、安全检查不到位等。

（5）人在造成事故和规避风险中可发挥重要作用。多起事故是直接由于作业人员违规操作或安全意识淡薄而造成的，事故原因包括作业人员擅离职守、违规使用替代设备或替代人员、超负荷使用设备，以及未穿救生衣、未戴安全帽等。其余事故大多可通过调整人为决策、提高技术能力、严格执行制度规定等方式进行规避。

5.2 海上风电事故典型案例分析

5.2.1 某海上风电项目海底电缆受损事故

2022年，某海上风电场主海缆陆上开关站侧220kV GIS 6154开关和B升压站侧220kV GIS 6154开关跳闸，风电场32台风机停运。线路跳闸首出为差动保护，从滤波分析显示为A相接地故障。该项目海缆路由示意图如图5-1所示。

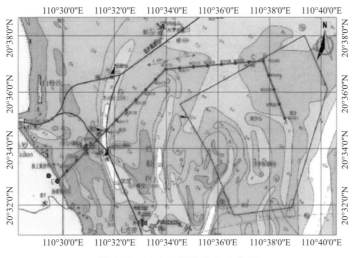

图5-1　220kV海缆路由示意图

该海上风电项目风机范围涉海面积23.22km²，场址距离西侧陆域最近距离约15km，最远距离约20km，与场址南侧人工鱼礁区最近距离约6.2km，与南侧渔业资源特别保护区的最近距离约11.6km，与西南侧水道潮流能区的最近距离约9.4km。项目规划装机容量为200MW，安装32台单机容量5MW或以上的海上风力发电机组，同时配套建设1座220kV海上升压站。风电机组发出的电能通过8回35kV集电海底海缆接入海上升压站，升压后通过1回220kV海底电缆输送到陆上集控中心。海底地形有一定起伏，整体表现为西侧高、东侧低，海底高程约-3.3～-11.3m。

事故发生后，为调查事故原因，首先开展多波束及三维声呐扫测。升压站50m范围内多波束扫测结果显示：距升压站中心30m范围内，海底水深范围为7.6～12.5m，平均水深为9.2m；距升压站中心30～50m范围内，海底水深范围为6.3～9.2m，平均水深为7.6m；升压站基础冲刷半径30.5m，最大冲刷深度为4.9m；通过扫测效果图（如图5-2所示），可以直观地看到升压站基础周边存在明显的冲刷坑，升压站基础未采用抛石防护。升压站三维声呐扫测结果显示：如图5-3所示，220kV海缆沿西北方向入泥，海缆悬空段长度33.6m，喇叭口悬空高度5.7m，海缆着海床后至入泥点裸露长度为6.8m，海缆从喇叭口出来至入泥点之间的裸露悬空长度共为40.4m，未见预留15m海缆S弯；通过图5-4～图5-6，可明显看出有弯曲限制器脱落，与潜水探摸结果一致。由此，初步分析本次事故可能是由于冲刷程度过大，造成海缆悬空，在海洋水动力条件作用下，海缆不断摆动，最终造成受损破坏。

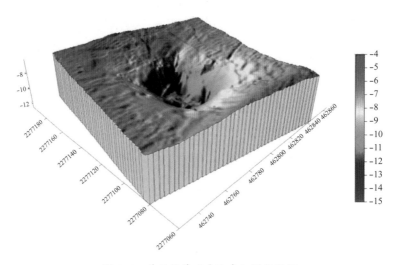

图5-2　升压站基础多波束扫测效果图

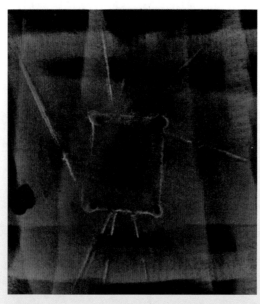

图5-3　220kV海缆三维声呐扫测俯视图

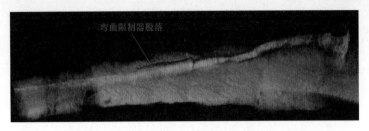

图 5-4　220kV 海缆三维声呐扫测侧视图（1）

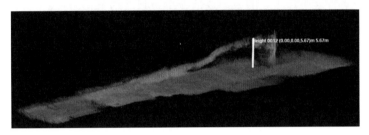

图 5-5　220kV 海缆三维声呐扫测侧视图（2）

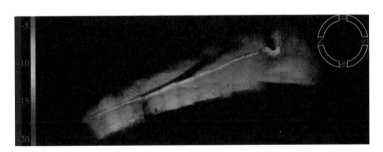

图 5-6　220kV 海缆三维声呐扫测俯视图

随后，进一步开展潜水探摸及海缆打捞作业。潜水探摸将 220kV 海缆分为 5 个区（如图 5-7 所示），分别为：

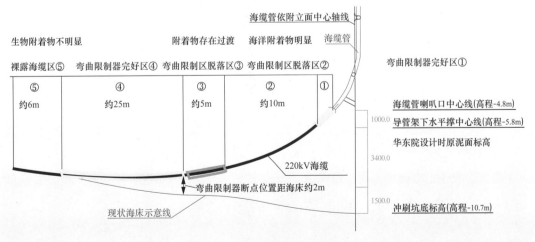

图 5-7　探摸结果示意

（1）弯曲限制器完好区①。从喇叭口延伸长度约1m，弯曲限制器完好，海洋附着物明显。后经打捞结果证实，此区域为中心夹具。

（2）弯曲限制器脱落区②。此区域由于弯曲限制器断裂滑落，海缆直接暴露在海水中。海洋附着物明显，长度约10m。

（3）弯曲限制器脱落区③。此区域由于弯曲限制器断裂滑落，海缆直接暴露在海水中。海洋附着物随着远离升压站的方向逐渐减少，长度约5m。

（4）弯曲限制器完好区④。弯曲限制器滑落至此区域，海洋附着物明显，长度约25m。

（5）海缆裸露区⑤。几乎没有海洋附着物，长度约6m。

海缆打捞结果显示，打捞上来的海缆铠装钢丝层均都未发现肉眼可见的破损，同时海缆也未发现肉眼可见的破损点，现场测量海缆直径为24cm；海缆弯曲限制器起始断裂点位于中心夹具下部（即弯曲限制器第一节就已经断裂），且根据中心夹具及海缆上海洋生物的附着情况，可以判定弯曲限制器已经脱落了较长时间；通过现场绝缘测试，发现距锚固井位置17～23m（含中心夹具段）段220kV海缆存在问题，其A相打绝缘打不上，B相、C相的绝缘都可以打上，该段海缆也为送检段海缆；海缆弯曲限制器整体未发现肉眼可见的磨损区域，整个弯曲限制器共断成了2段，第1段长约18m，第2段长约6m。海缆打捞结果示意图如图5-8所示。

图5-8　220kV海缆打捞结果示意图

对该品牌弯曲限制器进行检验后，其密度、磨损量、硬度都能满足该海上风电项目PC标段220kV海缆采购技术文件中的要求。

对打捞上岸的海缆现场解剖结果显示：海缆铠装钢丝层存在明显的弯折痕迹，如图5-9所示；A相电缆存在明显的击穿点，C相电缆存在严重弯折，如图5-10所示；由于A相海缆已发生击穿破坏，无法清晰看到电缆击穿之前铅套的情况，故选择C相海缆铅套类比分析，由图5-11可知，C相电缆铅套存在明显碎裂痕迹。

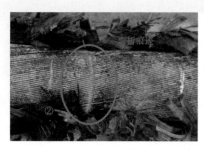

图 5-9 海缆弯折痕迹

图 5-10 A 相击穿点及 C 相弯折严重处

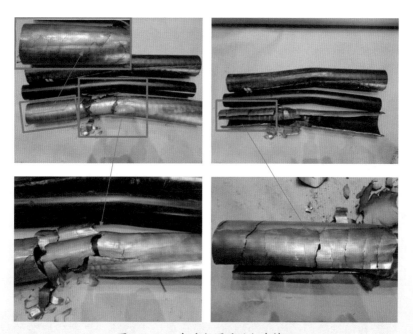

图 5-11 C 相弯折严重处铅套情况

对故障段海缆进行绝缘热硅油试验，结果显示：A相海缆击穿孔附近的绝缘表面有明显的炭化烧蚀点，且部分烧蚀点沿着圆周方向分布，击穿孔反面绝缘表面有一处烧蚀点。除击穿孔外，其余烧蚀点未见有向绝缘内部发展的趋势。绝缘油中的击穿通道清晰可见，导体屏蔽外表面有大面积灼伤，其余部分绝缘内部无明显异常。C相弯折段绝缘内部无明显异常，导体有明显的变形。故障段海缆绝缘热硅油效果见图5-12。

图5-12 故障段海缆绝缘热硅油试验（左：A相，右：C相）

随后对故障段海缆进行多项实验室检测，综合推断本次海缆故障的原因是弯曲限制器首节断裂后下方的弯曲限制器发生脱落，而该处海缆上部被固定在J形管中心位置，下方海缆呈自由状态，在缺少弯曲限制器的防护后长期过度弯曲，局部应力集中使得铅套断裂，进而引发绝缘损伤而导致电缆击穿。

综合以上调查结果，将本次事故原因总结如下：

（1）直接事故原因：根据设计要求，J形管下方S形盘绕预留，预留量应不低于15m；而海缆敷设施工时未预留S形盘绕且预留量不足15m。

（2）间接事故原因一：施工单位在完成疏浚作业后，未对疏浚区域进行回填，改变了升压站周围的水沙环境。

（3）间接事故原因二：升压站基础周边冲刷坑持续发展，进一步加大了海缆的悬空长度和悬空高度，从而进一步增加了海缆张力，加快了海缆失效的进程。

施工单位由于未按设计要求进行S型环绕预留，且未对疏浚区域进行恢复，应对本次事故负主要责任；监理单位，未对水下隐蔽工程进行有效监督，未及时发现恶劣的自然条件，造成升压站基础周边冲刷坑持续发展，应负间接责任。

在施工阶段和运维阶段，海底冲刷对海缆形成极大威胁，易造成海缆的移动和海底冲刷掏空，因而在施工前应对施工区域的海底条件进行详细的工程地质勘探，并对施工期以及已敷设完毕的海缆海底冲刷情况进行海底监测。海缆敷设前，应在敷设方案中明确海缆预留S弯的具体措施，确保预留海缆操作可执行、可操作；海缆敷设完毕后，应及时进行扫测复核，明确海缆初始状态，包括但不限于海缆走向、海缆喇叭口处悬空高度、海缆悬空长度、海缆S弯形态、海缆入泥点位置等。同时，施工过程中应提升施工作业环境，提高施工人员风险防范意识，严格按照作业规程进行施工，减少人为原因造成的施工设备损坏事故。

近年来，国内外发生多起海缆受损事故，更换电缆不仅会带来高额的维修费用，还会造成海上风电场长时间停机，造成大量的电量损失，严重损害海上风电场的运营利益。除上述案例，海上风电场运营期间，来往船舶抛锚刮断海缆的案例更为多发，暴露出了海缆安全监测系统管理不善、海缆损坏防范机制不健全、船舶作业风险预控不到位、海缆事故应急处置不力等问题。海上风电项目海底电缆管线应合理设计埋深，不得穿越锚地，若的确需穿越航道、航路、船舶定线制等海上交通功能区域的，应进行专题研究，采取设置警示标识等措施确保通航安全。除了在海缆敷设区域设置相应警示标识提醒来往船只、加大海缆埋深等措施外，还应加强行业安全监测系统建设以及来往船只的安全意识与应急处理能力。应要求过往船舶遇险需抛锚时，需选择合适的锚地并得到当地交管部门的同意；抛锚前对该水域周边通航环境进行风险估计，避开禁锚区，避免在海底管线上方抛锚；一旦发现船舶起锚时负荷很大应立即引起重视，及时拨打海上遇险报警电话并向相关部门报告，对挂起的不明物体可做归位处理，切忌盲目强行起锚而造成船锚对海底电缆的钩拉损伤，必要时可考虑通过弃锚的方式避免损失扩大。

另外，海底电缆受海水影响反复摆动而造成的疲劳损伤也是一种主要的破坏模式，主要是由于海缆的保护装置不够完善、压覆的石块太少或没有压覆等原因，使得海缆暴露在海水中从而受到海水影响而造成的磨损或疲劳损伤。尽管施工时，施工单位大多参照行业标准采取相应的保护和压覆方案对海缆进行保护，但大量的实践证明，需根据实际的海底冲刷情况等对海缆保护方案做针对性的调整，改善弯曲限制器的材料、适当增加压覆的石块，从而加强对海缆的保护，降低海缆在运营中的疲劳损伤风险。

5.2.2　某海上风电项目叶片雷击受损事故

2021年，某海上风电项目海域发生雷暴天气，施工平台多名施工人员发现某机组叶片上端燃烧并伴有浓烟冒出，叶片燃烧时上空伴有闪电，经数小时燃烧后，失效叶片叶尖部分坠海。

经现场勘察，失效叶片经过数小时燃烧已燃烧至L4m位置，叶片L4m至叶尖（包括腹板及主梁）已因剧烈燃烧破坏主体结构后断裂坠海，如图5-13～图5-18所示。失效叶片经燃烧后剩余叶根至R4m位置，除玻璃纤维外其余材料均已融化或燃烧，避雷金属环在事故发生时也随R4m至叶尖部分坠海。

图5-13　叶片背风面（SS面）

图5-14　叶片迎风面（PS面）

图5-15　金属环断裂丢失

图5-16　壳体内部燃烧情况

图5-17　壳体外部燃烧情况

图5-18　根端挡板

结合现场实际情况，失效叶片的雷电记录卡已在着火事故中丢失，叶片避雷系统仅能观察到引下线部分，如图5-19、图5-20所示。通过现场查勘，叶片引下线区域有高温熔化现象，可判断此处曾经有较大电流经过。失效叶片L4m至叶尖已经坠海，叶片电阻值已无法通过现场勘察及后续检测确认。失效叶片轮毂内部无明显燃烧痕迹，轮毂内三组变桨控制柜完好。经过对叶片防雷设计、叶片生产制造质量、风场运输吊装及调试验收等相关文件的调查评估，均未见明显异常。

图 5-19 壳体外部引下线　　　　　　图 5-20 壳体内部引下线

为进一步分析事故原因，对失效叶片的同组两支叶片进行现场实地检查和检测。分别对两支叶片的外观质量、内腔质量、黏接质量（主梁与腹板的结构胶宽度及厚度）以及电阻进行了查勘和测试。其中外观质量通过人工目视检查确认、内腔质量通过内窥镜和人工目视检查确认、黏接质量通过相控阵设备抽查、电阻值通过手持电阻仪检测测量。经检测，两支叶片的叶中接闪器到叶根的电阻值及叶尖到叶根的电阻值均符合要求、黏接质量符合要求。同时，收集现场同组两支叶片雷电记录卡并进行数据读取，两支叶片的雷电记录卡的最大峰值电流都为0，如图5-21所示。

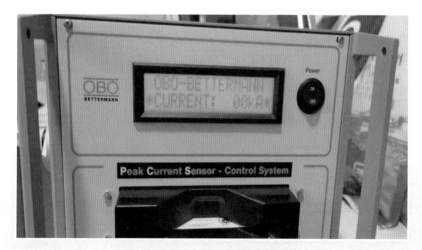

图 5-21 叶片雷电记录卡读取结果

由于叶片着火事故发生时，机组无运行数据及通电记录，机组处于未运行未通电状态，现场勘察机组控制柜与变桨控制柜无明显异常，因此可排除因外部能量导致事故发生；事故发生时，无相关作业票登记记录，无工作人员在机组内进行作业，因此可排除人为操作因素导致事故发生；失效当天风场有雷暴天气，且失效叶片燃烧的同时，据业主提供的现场视频，天空伴有闪电，具备雷击意外导致叶片着火的条件。

综合以上调查结果，将本次事故原因总结分析如下：

失效叶片所在的机组在失效当天处于停机状态，无其他的电气相关作业；据业主提供的现场当天的视频可观察到，失效当天风场有雷暴天气，且失效叶片燃烧的同时，天空伴有闪电。据此推断雷击是叶片失效的直接原因。

虽然失效叶片防雷系统设计符合相关标准要求，生产制造、运输和安装调试也未发现不符合相关要求的地方，但按照GB/T 33629—2017《风力发电机组雷电保护》，雷电防护系统是用来减小雷击建（构）筑物造成物理损害的整个系统，具有一定的拦截效率，也就是正确拦截雷电而且安全地导向地面的统计数据除以所观察到的机组/叶片的总雷击次数，它受到以下几个因素的影响：

（1）叶片接闪器系统的设计、接闪器在叶片上的位置和几何形状；

（2）叶片内部导电部件的绝缘等级；

（3）叶片接闪器的高电压先导试验的结果。

在设计应用中，无论叶片蒙皮的击穿电压还是表面闪络电压都很难确定，并且由于复合材料的不同以及老化、裂纹、湿度和污染的影响都可能导致电压的变化。不仅如此，叶片内的导电材料的存在会影响分段接闪器和离散接闪器的接闪效率。所以即便符合IEC 61400—24:2010标准设计要求的防雷系统也不能完全避免叶片因雷击而失效，其设计的目的是将雷击失效风险降低到可接受的水平。玻璃钢叶片是一种难燃材料，其中环氧树脂大于500℃才会被点燃，玻纤是一种不燃材料（A级）；由于叶尖部分坠海，无法确定初始失效位置，推测雷击到叶根区域玻璃钢本体，雷电流扫掠路径上电弧温度极高，能量极大且未能及时传导，使初始失效位置叶片的环氧树脂或巴沙木急速升温后达到着火点从而燃烧，其中巴沙木大于200℃便会被点燃。初始位置燃烧后，继续向叶尖和叶根区域燃烧，经过长时间燃烧，叶尖部分失去支撑坠海，叶根部分留在轮毂上继续燃烧，直至熄灭。

雷击是造成风电机组叶片受损的主要原因。统计数据表明，每年每100台风电机组中有3.9～8台因遭受雷击而损坏，其中沿海区域的风电机组受到直击雷损坏的概率最大。

国际电工委员会统计的实际运行情况显示，风电机组因雷击损坏率为4% ～ 8%，在雷暴活动频繁的区域更是高达14%。随着海上风电装机容量的不断扩大和机组的大型化趋势，风机轮毂的高度更高、叶片会更长，更容易受到直击雷、感应雷产生的雷电涌流的侵害，不仅会造成风机叶片受损，亦有可能发生机舱着火等重大损失事故。因此，在设备设计阶段和施工建设期应考虑增强设备的防雷、抗风、防盐雾湿热等性能，配备更为先进的防雷系统，尽可能地减少自然灾害带来的损失。

5.2.3 某海上风电项目安装船倾覆事故

2021年，某海上风电项目安装平台在施工海域发生倾斜翻沉事故，造成65人遇险，事故当天安全转移61人，4人失联，构成较大等级水上交通事故。发生险情后在有关部门的应急行动指示下，开展水下、水面失踪人员联合搜救和沉船打捞及防污清污工作，救援行动历时28天，造成了严重的事故后果，事故现场情况如图5-22所示。

图 5-22　安装船倾覆事故现场

该事故是一起海上风电安装船在施工作业过程中发生的较大等级水上交通责任事故，从事故现场情况分析来看，平台倾覆是由于发生桩靴穿透产生倾覆力矩和桩腿剪力，进而造成的平台侧倾。该海上风电安装平台是由一三桩腿自升式居住平台改装而来，而自升式平台的作业模式在地质条件复杂的海域往往存在较高的桩靴穿透风险。此次事故中，该作业海域地质条件复杂、穿刺风险的估算精度不高和行业技术规范缺乏是事故的客观原因；安装船船长对本平台重量和桩腿承载力不了解的情况下，未认真研读插深评估报告，进而未能及时识别出穿刺风险并采取相关防范措施，未严格按照操作手册规范操作是本次事故发生的直接原因；而插深评估结论对施工方案的制定和平台插桩作业指导性不强，以及平台桩腿穿刺风险评估不充分，施工方案制定不够严谨、审查把关不严格等因素是事故发生的间接原因。

安装船发生桩靴穿透而引发的倾覆事故，须在建设单位、监理单位、技术服务单位、政府主管部门等多方协调下进行系统防范。

为应对安装船发生桩靴穿透造成的倾覆风险，各建设单位在施工作业前应针对作业海域海上施工地质条件和施工特点开展全面安全风险评估，并严格动态管理，及时研判并掌握安全风险状态和变化趋势；在地质条件复杂的海域要适当加强地质勘测工作，尽可能提高勘测精度，增强报告编制深度，提高评估准确性；施工过程中应加强全环节的安全管控，施工前全面梳理施工过程并制定完善的施工方案，对关键性、风险性大的作业应细化作业流程和管理要求，制定风险管控和防止事故的措施；参与海上施工作业人员应相应技能培训，施工作业前确保技术交底清晰，施工过程中加强管控，确保严格按照方案施工。

各监理单位应严格按照相关法规及规范要求对工程建设全程把关，强化重大风险源的识别及监督检查，严格监控项目施工安全风险评估与现场安全动态管理，加强对施工方案及风险评估情况的审查，杜绝形式审查。

技术服务单位应要始终秉持科学严谨的态度，严格按照行业规范和通常做法进行计算评估，出具报告结论应符合工程实际；技术服务单位及参建单位应建立畅通沟通机制，及时沟通实际施工情况并调整评估结论，以便为施工单位提供精确施工指导。

属地政府应落实属地监管责任，牵头组织有关单位建立海上风电建设项目的监管机制，明确各单位监管职责，加大安全生产监管投入，统筹好安全与发展。能源主管部门作为行业主管部门应加强辖区内海上风电安装项目的工程施工管理和安全监督工作，进一步提升监管能力，督促建设单位和施工单位严格按照法律法规要求，切实履行海上风电工程施工安全管理职责，积极牵头相关部门及从业单位，推动制定海上风电安装行业规范。海事部门应严格把好风电施工作业的通航安全审查关，加强海上风电安装施工的通航安全现场监管工作，及时制定海上施工从业人员的安全培训标准。

除桩靴穿透引发的安装船倾覆事故外，还应警惕台风等恶劣天气造成的船舶倾覆事故。近年来，我国已发生多起海上风电施工船由于未能在台风来临前及时撤离避风，或避风锚地距离台风较近风力过强导致锚链断裂，进而致使船舶倾覆的事故。面对恶劣天气带来的安全风险，各施工船舶应提前根据船舶及设备状态、天气预报情况、作业任务评估作业风险，制定相应的工作计划、避风计划、撤离程序、台风应急程序，并合理选择避风锚地或避风港，如遭遇险情，及时拨打海上遇险报警电话并向相关部门报告，尽可能降低损失。

5.2.4 某海上风电项目船舶碰撞事故

2016年，某海上风电项目租用的渔船和施工船发生碰撞，导致其中一艘该渔船沉没，船上15人全部落水，其中8人获救，7人死亡，构成较大等级水上交通事故，事故现场情况如图5-23所示。根据现场事故模拟、气象情况调查、相关证书资料查询和对相关人员的询问可知，环境条件、人的不安全行为、管理缺陷等因素共同造成了该起事故的发生。

图 5-23 船舶碰撞事故救援现场

该起事故发生的直接原因是渔船驶离施工船过程中的操作不当，渔船驶离施工船时未与施工船作业人员进行沟通协调，未告知其操作意图，未考虑当时环境条件，而采取了不安全的驶离动作，最终导致船舶发生碰撞进而侧翻。同时，施工船组在航行过程中疏于瞭望观察，未能及时发现掌握渔船驶离行为，未能采取适当措施配合渔船驶离也是该事故发生的重要原因。

此外，该渔船违反《中华人民共和国渔港水域交通安全管理条例》，未经渔政监督管理机关批准进行水上水下施工作业，且船长仅经过了渔船船员的基本安全知识培训，无三级船长证书及渔船驾驶适任证书，违规操作渔船并违规载客13人，是造成该事故7人死亡恶劣后果的重要原因。而分包队伍管理不严、现场劳动纪律松懈、安全技术交底针对性不强、项目部安全检查不到位、安全生产责任制不健全、对进场船舶控制不严等因素也共同构成了该事故发生的间接原因。

作业船舶发生碰撞是一种高发的事故模式，多数发生在运输船靠泊或锚艇协助安装船移船等场景下，由于涌浪大等海况的影响造成碰撞，也有部分事故是由于作业人员操作不当或违规无人值守等原因造成碰撞。为减少此类事故的发生，施工船舶应严格按照核定的船舶类型从事相关的施工作业，禁止海上风电作业相关船舶超定额载员；建设单位应落实安全生产主体责任，对出海人员按照船员、海上风电作业人员和临时性出海人员进行分类和管理，明确和细化出海人员的管理要求；船员应当持有符合船舶最低配员要求的适任证书和健康证明，熟悉作业船舶相关设备的使用和各类应急操作，通过相关技能培训并取得相应的培训合格证明，熟悉作业区域的气象海况、工况条件和安全要求；建设单位应结合作业方案针对各作业环节提前进行事故预想，并采取相应防护措施，制定专项应急处置预案，如在可能发生碰撞的部位增设防撞缓冲装置等。

5.2.5　某海上风电项目浮吊船避风遇险事故

2022年，某海上风电项目施工浮吊船在防台锚地避台风时，锚链断裂、走锚遇险，随后船体发生断裂，最终在海上沉没。事故发生时船上共有30人，连日搜救后成功救起4人，26人遇难。浮吊船避风遇险事故现场如图5-24所示。

图 5-24　浮吊船避风遇险事故现场

遭遇恶劣的台风天气是此次事故发生的直接原因，事故发生地点距离台风较近，天气条件恶劣，风力很强，浪高一度达到10m左右，且事故船舶停泊在防台锚地外围位置，受风浪影响较大，致使锚链断裂，走锚遇险。此外，未尽早前往防台锚地选择更安全的位置避风、未及时撤离船上作业人员、船舶自身强度及船舶所配备的设备强度不足等问题，共同造成了本次事故的严重后果，同时也反映出了一些行业内存在的安全风险。

面对海上风电的抢装热潮，行业内存在部分赶工期的现象，形成了较大的安全隐患。在应对台风等极端恶劣天气的情况下，施工方应将作业人员的生命安全放在首位，在收到极端天气预警时应及时停工前往相应的安全区域，以寻找更为安全的位置进行避险，降低恶劣天气带来的影响，而不应为了赶工而拖延避险时机，以致使施工船舶及人员陷入风险。同时，在面对极端恶劣天气时，若无法及时撤离船舶，也应及时组织船上作业人员撤离，减少留守船员数量，从而降低可能产生的重大事故后果。

目前行业内使用的部分海上风电施工船舶由其他类型船舶改装而来，船舶是否存在超期服役的情况、改装后的船体强度及船体设计是否满足海上风电施工作业要求、配备的系泊系统等设备是否满足安全可靠性等问题，值得行业相关部门引起重视。有关部门应进一步完善对大型施工船舶的监管机制，重点检查企业主体责任落实、风险隐患排查整改和警示宣传教育工作开展落实情况；督促建设、施工单位建立完善各项安全管理制度和应急预案，完善安全生产条件，保障施工作业安全；督促航运公司按期开展针对船舶关键部位的安全隐患自查自纠工作，杜绝施工船舶"带病"作业现象，严厉打击施工船舶不适航、船员不适任等违法违章行为；结合现场船舶安检工作，加强对船舶系泊、锚设备、应急值班和船员操纵针对性检查。

5.2.6 某海上风电项目基础沉桩作业溜桩事故

2020年，某海上风电项目一艘安装船执行导管架桩基础沉桩工作，进行打桩作业时发生溜桩现象，由于溜桩速度较快进而导致桩锤脱落。该事故未造成人员伤亡，但对打桩锤和桩基础均造成损坏，同时对工期产生了较大的影响，事故现场如图5-25所示。

图 5-25 桩锤脱落事故现场

在桩基础沉桩的过程中，溜桩是较为常见的现象。一般在打桩开始前，桩体在自重作用下会发生一定程度的溜桩；而打桩过程中的溜桩一般是由于海底复杂的地质条件，如上部为坚硬土层下部有软土层的情况。建设单位通常会针对溜桩现象制定相应的应急预案，因此一般不会影响作业安全，但预料之外的溜桩可能会造成作业设备的损坏，同时，溜桩完成瞬间的反弹会产生很大的桩身拉应力，造成桩体破坏，故进而会影响项目工期，对项目造成较大损失。

为减少溜桩事故的发生，建设单位应对作业海域海底进行细致准确的岩土勘探，并在设计方案中对于勘探和施工的不确定性予以充分的考虑；在沉桩作业前应制定详细的施工方案与应急预案，合理选择打桩锤，合理选择施工工序，并加强现场的沉桩监测，避免或降低溜桩现象造成的严重安全事故。

5.2.7 某海上风电项目导向架垮塌落海受损事故

2015年，某海上风电项目在沉桩作业转场施工作业时，2号和4号临时桩已完全拔出脱离海床，1号临时桩已拔出，但因自重入泥约3m，施工船舶正在拔起3号临时桩，而此时海面风力突然加大。由于导向架在施工船上与海底定位桩（即临时桩）连成一体，施工船无法撤离作业地点，且大风使船体升沉及横荡幅度较大，造成导向架失稳垮塌落海，并在落海过程中损坏施工船船体，事故情况如图5-26所示。该起事故造成导向架4个牛角损坏，临时桩抱筒损坏、变形，抱箍无法启动；导向架吊索落入海底、有损坏；导向架缸套与临时桩变形、液压部件受损，其中液压缸漏油、电机外壳变形；施工船（双体船）船体内侧干舷受损，甲板导向架限位装置破损，局部撕裂。

图 5-26　导向架受损情况

造成该起事故的主要原因是环境条件的突变。事故发生时，海面瞬时风力加大到八级，而由于导向架放置在施工船上且与临时桩连成一体，导致施工船舶无法撤离施工地点，导向架经受不住外力作用而造成4个支腿撕裂，进而失稳垮塌落海，在沉入海底的过程中对施工船船体造成损坏。

海上风电项目建设受天气条件影响较大，施工方在项目建设期应特别重视海洋施工环境可能造成施工事故的严重性，提高对气象灾害、海洋灾害的风险监控能力。应在组织施工前充分考虑各环节作业特点，结合气象预报合理开展施工方案的设计，并针对可能发生的突发事件做好详细完备的安全应急预案；尽可能地根据动态气象预报及时预判天气为施工带来的潜在风险，优化施工方案，缩短海上作业时间，调整施工作业方式，将工程管理和风险管理前移、延伸，从而避免或减少恶劣天气情况造成的事故和风险。

5.2.8 数起海上风电项目吊装作业高空坠物事故

2021年发生了多起在海上风电项目吊装作业中的高空坠物事故。

某海上风电项目使用浮吊船从运输船上吊运稳桩平台时，钻机稳桩平台前部两个吊点的索具钢丝绳崩断，稳桩平台掉落到运输船甲板面，导致5人受伤，事故情况如图5-27所示。

某海上风电项目吊装导流罩时，由于起重指挥取用固定设备使用的宽扎带充当吊索具使用，将导流罩吊至一半高度时从空中坠落入海。

某海上风电项目吊装作业期间，空钩起升时限位失效，导致钩头冲顶，吊钩及钩箱从100m高空坠落，造成安装船船体被砸穿，如图5-28所示。

图5-27 稳桩平台掉落   图5-28 吊钩砸穿安装船船体

　　某海上风电项目使用浮吊船吊装四桩导管架的四根主桩的起桩作业中，可调液压翻桩器的液压系统失灵，由于起桩器只有液压保护没有机械保护，致使桩体掉落，运输船上两个待吊的工程桩被砸受损变形，如图5-29所示。

　　某海上风电项目在风机叶片吊装作业时，出现单叶片工装故障，叶片掉落到安装船甲板上，风机叶片损坏的同时造成安装平台甲板被砸受损，事故情况如图5-30所示。

图 5-29　桩体坠落事故

图 5-30　叶片坠落事故

　　设备吊装环节是海上风电安装的核心环节，海上吊装的施工能力和风险控制一直是影响海上风电建设项目进度的一大难题。由于海上风电项目吊装的部件体积、质量较大，高空坠物的发生在造成被吊装的风机部件受损的同时，也常会导致开展吊装作业的安装船受损，从而对海上风电项目建设的工期造成影响，进而产生高额的经济损失。吊装作业期间的高空坠物事故一经发生，将对人员安全、设备状况、公司财务业绩以及公司及其利益相关者的声誉这四个方面都构成严重威胁。

　　吊装作业期间发生高空坠物事故主要考虑两方面原因。

　　一是作业设备的完整性与可靠性。上述几起事故中，吊装作业所采用的设备均出现了不同程度的设备完整性与可靠性不足的情况，从而导致作业设备不具备安全开展相应吊装工作的能力，产生了严重的安全风险。为降低此类风险，应在作业前对所使用的吊装设备进行全面的检查，保证设备的完整性；面对不同的吊装作业对象，应有针对性地校核作业设备重点部位的可靠性，如在风机叶片吊装前应重点检查叶片夹具、在吊装质量大的部件前重点检查所用索具钢丝绳的强度等；应有针对性地调整、完善吊装方案，增加必要的保护措施，降低重大事故的发生风险。

　　二是作业人员的作业素质与安全意识。在吊装作业高空坠物事故中，人的不安全因素也是造成风险的一大原因，起重指挥在其中发挥的作用尤为重要，应避免由于"经验丰富"而出现的违规作业行为，如使用不符合要求的吊索具、违规拆除吊机限位装置等。为降低此类风险，应严格作业人员资质审查，严格作业规章制度，在吊装作业前加强作业人员安全培训，做好技术交底工作；在加强作业安全综合监管方面，可通过聘用第三方工程监理机构的方式，进行项目施工中的技术监管，以此合理地提升工程施工中的技术应用效果，同时减少因技术实施不到位、违规作业等问题造成的设备故障以及安全事故现象。

5.2.9　某海上风电项目风机叶片与吊机相撞受损事故

2021年，某海上风电项目开展风机叶片吊装作业过程中，风机叶轮打到安装船的吊机大臂，造成风机三片叶片均严重损坏，事故情况如图5-31所示。

图 5-31　风机叶片碰撞受损情况

该起事故主要考虑两种可能原因：一是叶片吊装完成后未按照规定将风机叶轮锁死，导致在突然起风的情况下发生叶轮失控飞车的现象，进而造成叶片与吊装设备相撞；二是风机调试时失控飞车，导致叶片与吊装设备相撞。

为避免此类事故的发生，应在项目施工过程中严格作业流程，加强项目现场管理，不遗漏任何安全细节，加强作业人员安全培训，做好事故应急预案；风机调试前应着重检查变桨系统、电池回桨系统、刹车系统、偏航系统等设备的运行情况；调试前应对周围存在的安全风险进行预判，在风机周围留有足够的安全距离，从而降低与附近施工设备的碰撞风险；掌握动态气象预报，把握天气窗口，合理设计调试方案，降低由于环境条件突变带来的安全风险。

5.2.10 某海上风电项目海上升压站平台着火事故

2017年，某海上风电项目一处海上升压站发生起火事故，19人被困，经组织抢救安全撤离18人，1人失联。事故发生在凌晨，该海域发生强雷电天气，导致该海上升压站一层平台35kV电缆发生爆燃，起火点可能为电缆接头位置，海上升压站工作人员扑救未果后组织撤离跳海求生，随后发现1人失联。由于火灾起始发生点在升压站灭火系统能力之外，只能任由火势发展，最终电缆燃烧至平台二三层结构防火位置停止燃烧，事故现场如图5-32所示。

图 5-32　海上升压站平台起火事故现场

国内的海上升压站一般有三层甲板，其中一层开敞，二三层封闭；早期部分海上升压站平台的逃生通道部署在室内，现大多布置在室外；二三层甲板室内采用高压细水雾灭火，灭火介质为淡水，一般升压站配备消防淡水柜及自动灭火系统；一层甲板基本不具备任何有效消防措施；电缆沿导管架腿上行，穿越一层甲板走电缆桥架上二三层甲板，一层甲板悬空段有电缆接头；由于是无人平台，国内海上升压站基本不配备救生艇，一般只在一层甲板配备救生筏；一层甲板有油罐用于储存费油。

基于以上特点，应进一步优化海上升压站平台的设计，在设计阶段应对平台上的设备分区域进行总体布置，不同种类的设备应根据其功能及可能带来的潜在危险布置在不同区域，如将易发生爆燃的电缆宜尽量远离易燃的油箱、主要消防供水设备宜集中布置在远离失火危险较大的独立区域等；加强对易燃设备的防火设计，电缆的布置及电缆通道的设置应能延缓电缆火灾蔓延，并阻止火灾蔓延到其他区域；合理设置避雷装置，降低海上升压站设备受雷击破坏的风险；加强一层甲板灭火系统及灭火设备的配置，提升一层甲板灭火系统能力；配备足量的救生设备，并设置、存放于作业人员易于达到的位置，保证人员可顺利使用。

海上升压站平台一般是定员小于12人的无人值守平台，平台上不设置固定运行、维护值班人员，理论上不应该或不建议人员留宿。由于该起事故发生在凌晨，且平台上仍有19名作业人员，推测可知前一日的安装调试工作可能进行到很晚，使得19名工作人员只能在升压站平台上留宿，进而为火灾发生后的逃生埋下隐患。

海上风电场建设受天气影响较大，适合开展作业活动的天气窗口相对有限，而近年来海上风电行业"抢装热潮"对施工进度提出了更高的要求，进一步加大了海上风电场建设的压力。但建设单位仍应把作业人员的生命安全放在首位，严格项目组织管理制度与纪律，提高作业人员安全意识，避免由于赶工而将作业人员置于危险之中。

6 海上风电风险系统防范与控制

6.1 海上风电场风险系统防范措施

6.1.1 海上风电项目管理组织

海上项目在建设前期就应确立组织结构，并根据在建和运行维护各阶段的需求制定相应的人员计划。

1. 海上风电场项目组织结构

职能式组织结构是目前风电场项目管理中最常用的组织形式，该项目组织结构既能发挥各职能和人员的专业化水平，又能提升项目实施的整体效率，项目经理主要发挥协调作用。因此，海上风电场项目组织可采用职能式组织结构，如图6-1所示。

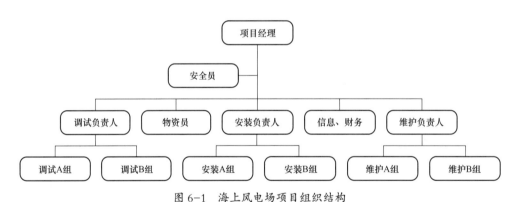

图 6-1　海上风电场项目组织结构

2. 项目建设阶段人员需求

海上风电场项目的建设阶段一般分为接货阶段、安装阶段、调试阶段、试运行阶段、预验收阶段和项目交接阶段。根据我国海上风电场的项目经验，一个标准的海上风电场项目（5万kW）在项目建设阶段的人员需求如表6-1所示。

表 6-1　　　　　　　　　海上风电场项目建设阶段的人员需求

时间 工作任务	某月	某月	某月	某月	某月	某月	某月	某月
接货	2	2						

续表

时间 工作任务	某月	某月	某月	某月	某月	某月	某月	某月
安装		8	8	4				
调试			10	10	5			
试运行						8	8	
预验收							4	
项目交接								4
项目管理	1	1	1	1	1	1	1	1
合计	3	11	19	15	6	9	13	5

注：建设阶段按8个月计算。

（1）接货阶段人员需求情况。由于海上风电场项目地理位置的特殊性，项目人员不仅要从事堆场、码头、船只之间的倒运及交接工作，还要负责项目的日常物资工作。大型设备可以直接运抵码头进行装船，但电气设备及吊装附件必须整套从堆场倒运码头进行装船。根据潮汐规律和海上风电场项目经验，装船时间往往较为紧张，物资管理员最低需配置2人方可顺利完成此项工作。

（2）安装阶段人员需求情况。吊装阶段是整个项目在建过程中时间最为紧凑的阶段，在天气允许的情况下，项目人员要长时间在安装船上作业。考虑到潮汐及季节性风况对安装的影响，安装阶段的进度安排往往十分紧凑，通常情况下两个吊装面同时施工，施工单位为了抢进度也会安排人员进行24h的两班倒进行施工。为了充分考虑安装人员的工作效率、休息以及轮换岗，最低应配置8人。

（3）调试阶段人员需求情况。海上风电场项目调试不同于陆上项目调试工作，由于受到工作时间的限制，在调试人员的配置方面需要尽量多的人员进行突击调试。从国内相关近海项目的调试经验来看，需配置10人进行调试工作，调试后期可配置5人进行调试消缺工作。

（4）试运行阶段人员需求情况。考虑到机组稳定运行、部分消缺和改造工作以及交接工作，试运行阶段的人员需求可为8人。

（5）预验收、项目交接阶段人员需求情况。从机组运行的稳定性及日常维护角度考虑，预验收和项目交接阶段的人员配置应为4人。

（6）项目管理人员需求情况。从项目启动到项目交接阶段，项目的日常管理、沟通协调、内部沟通及协调等一切与项目有关的事宜都需要配置1人专门负责。

3. 项目运行维护期人员需求

海上风电场项目进入运行维护期后，主要负责机组的运行维护工作，根据我国海上风电场项目管理经验，一个标准的海上风电场项目（5万kW）在项目运行维护期的人员需求见表6-2。

表 6-2 　　　　　　　　　海上风电场项目运行维护期人员需求

项目任务＼时间	第一年	第二年	第三年	第四年	第五年
运行维护	4	4	4	4	4
检修	6	6	6	6	6
项目管理	1	1	1	1	1
合计	11	11	11	11	11

4. 海上风电场项目人员岗位职责

项目人员岗位职责是指一个岗位具体的工作内容和相应承担的责任事项。项目人员应明确自己的岗位职责，认真履行岗位职责任务。

（1）项目经理及岗位职责。项目经理通常担负着一个项目的计划、组织、实施工作，对整个项目具有重要的意义，并对项目是否能达到预期目标起着决定性作用。由于海上风电场项目技术体系更加复杂化、维护管理难度更大，项目经理对海上风电场项目的效益影响也越来越大。因此，项目经理必须具有较高的素质和管理技能，必须能够积极与他人合作，激励和影响他人的行为，努力实现项目目标和要求，具体包括：较高的专业水平和扎实的工程技术能力，能够处理项目执行过程中出现的状况，并具有提前预警、提前判断、及时发现和解决问题的能力；较强的表达能力、沟通能力和激励能力，能够带动项目成员的工作积极性，使工作氛围融洽活跃，组织充满活力，提高成员的工作效率和团队凝聚力；较强的组织管理能力，能够合理布置工作，知人善任，与客户保持长久良好的关系，在特殊情况下具备应对紧急情况的能力；较强的综合能力，如决策能力、思维创新能力、学习能力、自我管理能力等。

海上风电场项目的特殊性使得其项目经理具有更加广泛的岗位职责，具体内容如下：

1）贯彻国家、渔政、海事、边防部门的法律法规、政策和标准。

2）履行合同义务，监督合同执行，处理合同变更。

3）负责项目前期与公司研发、营销、生产、供应链的对接，确保项目顺利实施（总体设计、分包厂家技术要求等）。

4）负责海上项目组织计划以及运行维护计划的编制和实施，确保项目目标的实现。

5）组件高效组织架构，管理项目团队，对项目人员进行绩效考核。

6）制定项目总体控制计划及阶段性目标，负责设备的供货、交货、安装指导、调试、验收交接等工作。

7）监督检查进度、质量、成本、安全控制，发现问题及时与公司及客户沟通，防止施工中出现重大偏差或反复故障。

8）负责选定适宜的办公、库房、堆场，租赁合适的海上及陆地交通工具，对其进行管理，做好相关后勤保障工作。

9）建立项目现场、项目部内部规章制度，并进行检查监督。

10）负责现场人员的培训组织，达到技术等级认证的预定目标及项目需求。

11）负责项目整体安全目标的实现，根据海上项目的特殊性及环境差异，编写合理的安全管理计划，协调公司资源满足现场安全需求。

12）负责组织现场人员对技术问题进行汇总和专项研究，对产品提出优化报告。

13）负责根据公司制度和合同要求，对到场物资进行管理和分类处理，控制现场物料消耗。

14）负责按照公司制度要求，以账款分离的方式支付并报销现场费用。

15）负责维护客户关系，提升和保持客户满意度。

（2）**项目成员及岗位职责。**海上风电场项目管理组织架构中，除了项目经理外，还包括安装技术负责人、调试指导员、物资管理员、信息管理员、财务管理员、档案管理员、安全员等职务。

1）安装技术负责人。主要负责机组的安装接线指导、质量把控、机组验收及突发问题处理工作，具体岗位职责包括：分解到货、打桩、海缆敷设等进度参考，合理制订现场机组吊装计划；完成机组吊装技术交底工作；负责海上风力发电机组安装、卸货、接线质量把控、工艺标准执行工作；负责对海上风力发电机组新机型安装、接线工作问题的反馈及优化工作，并提交书面安装改进优化建议；负责现场安装时临时突发问题的解决、反馈与跟进；负责对现场的工艺执行情况进行检查、验收，对突发问题的技术方案进行评审、检查；负责培训项目现场安装技术人员，满足项目人员技术能力需求；负责对安装问题进行汇总，并跟进解决；负责落实公司临时技改工作的执行，并形成改动记录；负责船上以及陆地安装指导人员倒换工作安排以及每日船上人员点名工作。

2）调试指导员。主要负责编写调试方案、调试准备工作、机组调试及调试过程中的故障处理等工作，具体岗位职责包括：根据现场安装验收、上电进度以及海上交通确定调试方案和调试计划；协同项目经理及物资管理员完成调试前的工作准备（工具申请、劳保申请、特殊保护申请、海上留宿物资申请、备品备件申请）；完成机组调试前的内部技术交底工作；负责海上风力发电机组调试质量、工艺标准化的执行工作；试运行过程中做好运行记录、故障处理记录、巡视记录等和机组正常运行息息相关的各项纪录，试运行结束后建立单台机组试运行档案；负责对海上风力发电机组新机型调试问题的反馈及优化工作，并提交书面调试改进优化建议；负责现场调试过程中临时突发问题的解决、反馈与跟进，避免批量问题发生；负责对现场备品备件的消耗情况进行统计分析，并按周、月、季度、年度形成报告；负责培训项目现场调试技术人员，满足项目人员技术能力需求；负责落实公司临时技改工作的执行，并形成改动记录；负责人员留宿海上风力发电机组的相关安全工作。

3）物资管理员。主要负责物资申请及协调、项目库房管理、损坏备件返回等工作，具体岗位职责包括：熟练掌握现场机型配置及物料变更情况，形成完善的机组单台配置清单；协助项目经理制订海上项目临时堆场管理办法和码头物资管理办法，并监督执行；熟知海上风电场项目倒运船尺寸，合理规划物资船上摆放位置，形成物流—堆场—码头—运输船—安装船五联单；熟知潮汐及运输船只性能、堆场及码头存储情况，协助项目经理完善供货计划；根据项目建设和技术服务需要，及时按照项目物资需求清单模板提出备件需求；物资运抵现场后，务必对物资的数量、型号、完好情况进行核查并做完整的入库登记，及时准确反馈到货信息；现场出现工具借用及物资、耗品使用时做好出库记录，并对出库物资做使用要求和规范说明；在项目现场具备条件的情况下，建立简易库房并按照库房管理制度进行日常库房管理工作，完成库房台账的记录；及时记录现场发生更换的设备、零部件，每月对旧件进行返厂处理；对现场的工具与安全护具做使用和保养说明，对不合理的使用方式进行制止与处罚；学习、总结、提炼现场物资制度，并对项目成员进行物资管理的培训，严格监督项目成员按照物资管理制度进行物资的调配与使用；核对项目合同中的物资供应清单，对存在疑问的物资进行核查并协调营销、技术部门与业主进行清单内容的变更，选择项目适合进度下合同物资的需求；完成项目物资类相关系统操作，构成闭环。

4）信息管理员。主要负责信息收集、计划编制、工作进度把控等工作，具体岗位职责包括：严格按照质量跟踪系统规范，对现场的质量问题进行系统登录反馈，并追踪整个事件的发展状况直至完结；记录和整理项目整体进度，制作项目进度板，及时填写和更新信息；按部门及公司要求，按时编制项目周报、月报，并提交至项目经理审核；负责临时邮件的组织、制作和反馈；协助项目经理收集业主相关进度信息，并进行分析与反馈。

5）财务管理员。主要负责与项目和人员费用相关的工作，具体岗位职责包括：按照项目预算与现场实际情况进行项目费用申请；项目现场的资金管理；项目现场费用的票据整理与审核；项目现场月度费用的票据粘贴与寄回报销；项目现场当月费用结算与下月费用预算；项目废旧物资的收集、整理；宣贯现场财务制度；现场临时伙食、住宿等费用收缴；项目现场车辆、房屋、海上交通工具租赁合同的执行。

6）档案管理员。主要负责项目的文件管理、档案管理工作，具体岗位职责包括：严格按照现场文件管理制度，建立现场档案；建立现场对应电子档案；建立现场机组档案及其他文件夹；宣贯文件管理制度；现场日常档案文件的管理；建立文件收、发记录平台；废弃文件的整理与处理；现场文件柜的摆放与日常清理；电子档文件使用的监督与规范。

7）安全员。主要负责编制项目安全规章制度、组织项目进行安全培训、定期开展安全检查等工作，具体岗位职责包括：对海上风电场项目特殊环境因素及安全制度组织培训、学习，并定期组织考核；现场安全设备的配置、安全设备完好情况检查、安全用品正确使用方式指导；现场施工危险源的排查与施工安全监督；项目现场和生活环境的危险源排查，防止火灾、煤气中毒、食物中毒、人身意外伤害等；严格按照库房管理规定，对库房危险源进行控制和排除，油品隔离工作，消防器材的准备工作；严格按照现场车辆使用规范来管理现场的行车用车，配备专业司机，确保车辆定期维护与保养；维护现场海上交通工具的使用安全，定期对船只进行检查，督促保养交通工具，对船长、驾驶员进行安全教育；监督项目人员正确使用现场工具，做到"既不伤害自己，也不损坏工具"；注意登机作业时安全设备的检查、使用、工具的放置以及登机的合理次序；掌握一般的救护常识，并在项目现场为其他项目成员培训基本的自救和他救的方式及方法；针对海上项目编写特殊应急预案，定期开展全员演练。

6.1.2　作业许可制度

作业许可制度是指在船上和海上设施内，以及在车间内场等作业开始前进行的作业许可证的申请制度，具体形式为相应作业审批证书。实施作业许可制度的目的是对适用范围内提到的作业安全措施控制点实施许可证审批制度，以确保达到允许施工的条件。

1. **作业许可分类**。作业许可制度适用于在船上、海上设施以及车间进行的作业，如动火作业、吊装作业、高处作业、脚手架作业等。

（1）**动火作业**。动火作业实行分级管理。动火作业前，由施工单位负责办理动火手续并填写"动火作业申请单"，按审批权限上报，批准后方可动火；"动火申请报告书"批准后，有关人员应到现场检查动火准备工作及动火措施的落实情况，并监督实施，确保安全施工。

（2）**吊装作业**。吊装指挥人员、司索人员和起重操作人员应经过专业部门培训、考核，取证后方可上岗。吊装作业前，应对起重器具的安全可靠性及周围环境进行检查并办理吊装手续填写"吊装作业申请单"。吊装大中型设备、构件应制定施工方案及安全技术措施。在吊装作业中，各方人员应协调一致，统一信号，统一指挥。

（3）**电气作业**。坚持电气专业人员持证上岗，非电气专业人员不准进行任何电气部件的更换或维修。建立临时用电检查制度，按临时用电管理规定对现场的各种线路和设施进行检查和不定期抽查，并将检查、抽查记录存档。检查和操作人员必须按规定穿戴绝缘胶鞋、绝缘手套，必须使用电工专用绝缘工具。临时配电线路必须按规范架设，架设线必须采用绝缘导线，不得采用塑胶软线，不得成束架空敷设，不得沿地面明敷。临时配电线路必须按施工现场临时用电安全技术规范进行安装架设。作业前，须填写"临时电线安装单"，经批准后方可作业。

（4）**高处作业**。高处作业人员应穿戴好劳保护品，三级以上高空作业应办理高空作业许可证。在恶劣气候条件下，影响施工安全时，禁止进行高处作业。

（5）**脚手架作业**。所有从事脚手架和吊篮搭设的作业单位必须具有相应资质。从事脚手架及吊篮搭设、拆除作业的人员应进行培训并按照国家安全生产监督管理总局《特种作业人员安全技术培训考核管理规定》的要求，取得主管部门颁发的建筑登高架设作业特种工业资格证书。脚手架作业人员的健康条件须符合高处安全作业管理的相关要求。患有心脏病、高血压、癫痫以及感冒、患病期间服用含有影响精神和判断力药品的人员不得进行脚手架或吊篮作业。高度超过24m的脚手架，作业单位应编制脚手架作业技术方案；高度超过24m的脚手架，应进行设计计算，并报项目主管部门申请批准。

2. 作业许可分级

作业许可应按照作业风险程度实施分级许可管理。每个行业或企业根据自身行业的特点和管理水平对作业许可的等级划分稍有不同，一般风险等级越高，采取的措施越多，审批人员的等级和权限越高。以下海上风电场建设涉及作业许可的分级原则供参考。

（1）动火作业。根据作业场所环境的危险性进行分级，一般易燃易爆的危险性越高，作业许可等级越高。

（2）吊装作业。根据吊装物的重量进行分级，一般吊装物重量越大，作业许可等级越高。

（3）电气作业。根据作业电压进行分级，一般作业电压越高，作业许可等级越高。

（4）高处作业。根据作业位置距离基准面的高度进行分级，一般高度越高，作业许可等级越高。

（5）脚手架作业。根据脚手架高度进行分级，一般高度越高，作业许可等级越高。

6.1.3 安全检查制度

海上作业应按照国家和行业法规、标准、规范和规定的要求，结合海上作业实际情况、制度，制定安全检查细则，组织各类安全检查。

1. 检查要求

各海上作业单位对所属企业的安全工作采取日常、定期、专业、不定期四种检查方式进行安全检查。检查具体要求应按公司相关规定执行，检查的频率应满足以下要求：公司级每年一次，作业单位每半年一次，三级单位每月一次，基层作业单位每周一次，岗位操作人员每班一次。

2. 检查内容

安全检查的主要内容包括安全管理和现场安全两部分。安全管理包括安全生产责任制、安全管理制度和安全管理基础工作的落实和执行情况。现场安全包括工艺、设备、仪表、变配电、消防、救生、检维修和工业卫生、劳动保护等方面。

对海上在用通信设备的安全检查包括无线电值班人员的资格证书、无线电安全值班制度、电台工作日志、配备电源、应急照明设备、应急电台和无线电示位标等内容。

对船舶、航标、港口的安全检查包括船舶证书、船员证书、航行及操作设备、船舶消防救生设备、航标的有效性以及港口的水、电、气、通信、消防安全设施等内容。

3. 隐患整改

对各类检查出的事故隐患，检查单位/人员应下达整改指令，确定整改措施、负责人、整改期限，并跟踪整改记录。

各单位对各类安全与环境检查中发现的事故隐患，应立即安排整改或制定整改计划。对于一般事故隐患，责任单位应立即进行整改；针对较大及重大事故隐患，在采取临时措施的情况下，由责任单位或上级单位制定并实施隐患治理方案或计划，治理计划应明确责任单位、责任人、整改措施、整改期限、安全措施等内容。

6.1.4　作业船舶检查制度

1. 船舶安全检查制度

船舶的安全检查包括以下几个方面：

（1）每次出行前船舶操作人员必须对船舶进行常规检查，确保设备能够可靠运行。

（2）法规规定的船舶检验机构的第三方检查。

（3）现场安全负责人每月对船舶进行检查。

（4）健康安全环保部对海上风电场每年至少进行1次海上用船综合安全检查。

以上检查不符合要求的，未经整改合格不得出海使用。船舶应购买保障乘客人身安全的保险。

2. 作业前船检

根据作业区起重作业要求，起重船在进行作业前，作业者（或总承包者）应通知承包者向有关部门申请起重船作业认可。加强对施工船只的安全控制，规范作业安全管理，对作业船只的检查包括以下内容：

（1）对船只本身的证件和资料进行检查，包括船只、船上附件、安全设备、船员、起重设备、防油污等船检证书。

（2）对船上的安全演练、应急预案等安全规范文件进行检查。

（3）对船上存在的实际安全隐患进行检查。

按照提供表6-3的查验项目检查，将重要的证书信息按照船舶证书及有关证书等级表（表6-4）登记。

表 6-3 船舶查验项目表

序号	项目
1	应交验的证书和资料
	船级证书
	适航证书（货船构造安全证书、货船设备安全证书、无线电报安全证书和／或无线电话安全证书）
	起货设备证书
	国际防止油污证书
	船舶电台执照
	承包者营业执照
	船舶国籍证书
	船舶载重线证书
	吨位证书
	作业者与承包者签订的海上风电工程合同中有关安全管理和责任的条款复印件及总承包者与承包者签订的海上起重作业合同有关安全管理和责任的条款复印件
	吊机检验有效合格证书和检验报告
	救生艇出厂合格证书
	救生筏检验证书
	船舶财产和人员保险单
2	被查的材料
	船长（或船舶负责人）、起重驾驶员、指挥人员及起重工的资格证书
	安全手册
	《海上作业实施方案》（包含工作计划、作业人员名单、必要的安全保障措施和应急处置预案）
	船员及参与海上起重作业人员的"海上求生""海上急救""船舶消防"和"救生艇筏操纵"或"海上石油作业安全救生"培训合格证书
	电气焊作业人员、无线电报务人员及电工作业人员的资格证书
	吊机主要部件的变更
	起重作业合同、作业者（或总承包者）、作业海区的变更
	起重船作业者（或总承包者）安全应急计划的变更
	船长（或船舶负责人）的变更
	救生艇释放试验

续表

序号	项目
2	火灾报警试验
	其他对起重船作业安全有重大影响的变更

表 6-4　　　　　　　　　　船舶证书及有关证书等级表

证书名称	证书编号	发证单位	发证日期	有效期
承包者营业执照				
船舶国籍证书				
船舶载重线证书				
吨位证书				
船级证书				
适航证书 （货船构造安全证书、货船设备安全证书、 无线电报安全证书和/或无线电话安全证书）				
起货设备证书				
国际防止油污证书				
船舶电台执照				

3. 船只安全设施检查

对船只的安全设施检查包括性能要求、安全要求、船只安全设施配置等方面。

（1）性能要求。

1）出海工作船应当按照适用的要求配备所有必要的救援设备。

2）出海工作船应当遵循雇主的导航协调系统的要求。

3）出海工作船应当安装人员搜寻系统。

（2）安全要求。

由于海上作业的特殊性，应为作业人员上下船及材料和设备装卸提供安全和便利的运送船只。运送船只在整个合同期内应符合作业当地的所有标准、规范、法规以及 SOLAS（海上人命安全公约，主要内容是规定船舶的安全和防污染）的要求。并应遵循所有适用的法律规定。

1）出海工作船应当经过有关主管部门的核准和证明后才能在水域作业。

2）出海工作船的跨越区应有照明，以便在夜间进行转移操作。

3）出海工作船应配备牵引装置并有相应步骤。

4）有固定、舒适的座椅并配有安全带。

（3）船只安全设施配置。

1）GPS定位导航仪1台（该设备需要具备航道记忆、坐标定点功能，能够将风电场风机的坐标显示出来）。

2）海事高频对讲通信设备1台。

3）救生筏（依乘客的数量来确定救生筏的数量）。

4）救生浮具（配备乘客总数3%的救生浮具）。

5）救生衣（按照乘客的数量配备，保证每人一件。同时在值班处配备足够数量的救生衣，另在甲板易见处配备相当于乘客总数5%的救生衣）、保温救生衣（按每艇3套的数量配置于救生艇内）。

6）救生圈（要求救生圈配备自亮灯和自发烟雾信号。按船舶的结构和船长、在船两舷、艏艉配备相应数量的救生圈，同时其中有1/2的救生圈配有自亮灯，至少有两个救生圈配有自发烟雾信号）。

7）照明信号灯。

8）求救信号弹（手持火焰信号及漂浮烟雾信号等）。

9）医用急救药箱。

10）存放、登乘、降落与回收设备：各类降落设备（包括吊艇架与艇绞车）、救生筏架、登乘梯等。

11）抛绳设备：抛绳器和抛绳枪（附抛绳）等。

12）通用应急报警系统与有线广播系统。

13）无线电救生设备：双向甚高频无线电话设备、雷达应答器，以及救生艇筏应急无线电示位标等。

其余未写明数量的安全设施根据船舶大小相关标准来配备。上述对性能、安全及人员的要求应理解为最低要求。检查登记表包括《船舶救生安全检查表》《海上船舶综合安全检查表》《海上船舶综合安全检查不符合项整改单》。

6.1.5　海上施工要求

由于海上环境的特殊性，海上施工作业受多种因素制约，因此海上施工要有充分的安全保障，配备充足的资源，人员具备相应的能力，保持通信畅通，以满足作业的要求。

1. 资源保障

资源保障包括劳动防护用品保障、后勤保障和医疗保障。

（1）劳动防护用品保障。

劳动防护用品是保护劳动者在生产过程中的人身安全与健康所必备的一种防御性装备，对于减少职业危害起着相当重要的作用，是减少职业危害的最后一道防线。

海上风电场施工单位应建立健全有关劳动防护用品的管理制度，加强劳动防护用品的购买、验收、保管、发放、更新、报废等环节的管理，监督并教育作业人员按照使用要求佩戴和使用。

提供的防护用品必须符合国家标准或行业标准，不得以货币或者其他物品替代劳动防护用品，也不得购买、使用超过使用期限或者质量低劣的产品，确保防护用品在紧急情况下能够发挥其特有的效能。

海上风电场施工建设过程中使用的劳动防护用品按照防护部位可分为：

1）头部护具类：安全帽、防冲击面罩等。

2）呼吸护具类：防毒面具及滤毒盒、口罩等。

3）眼防护具：防机械伤害护目镜、防化学品喷溅护目镜等。

4）听力护具：耳塞、耳罩等。

5）防护鞋。

6）防护手套：耐酸碱手套、电工绝缘手套、电焊手套、丁腈手套、机械防护手套等。

7）防护服。

8）防坠落护具：安全带、安全绳、自锁器、差速器等。

9）救生衣等海上专用防护用品。

（2）后勤保障。

海上作业历史较长，做好相应的后勤管理对海上工作的开展有极大的促进作用。后勤工作是保障工程项目高效有序进行的重要前提和基础，必须服从大局、服务工程项目。后勤工作具有政策性强、工作量大、琐碎繁杂的特点，海上工程项目的现场后勤管理应走制度化、规范化、管理化的道路，形成运转有效的后勤保障体系，确保工程项目高效优质地完成。后期策划应具有预见性、全面性、科学性、可操作性。现场的后勤工作包括现场的临时设施搭建、人员住宿、住宿卫生与饮食卫生、人员运输等。

（3）医疗救治。

海上施工作业区域往往远离城区或周边缺乏公共医疗资源的陆岸终端，因此医疗救治在海上作业环节中显得尤为重要。

按照海上作业设施上的人员定员，可将医疗资源的配备等级分为三类：A类，额定人员多于100人；B类，额定人员在15～100人；C类，额定人员少于15人。A类、B类海上作业设施必须设有医务室并配备专职医生，C类海上作业设施可以不设医务室和医生，但应提供相应的备用急救室。

海上作业设施专职医生应身体健康，年龄不宜太大，具有在正规医疗机构从事临床工作三年以上的经验，持有中华人民共和国医师资格证书和医师执业证书。同时，须经过全科医师培训和急救培训，取得有效的"全科医师岗位培训合格证"和"高级急救员培训合格证"。

海上作业设施专职医生承担在海上作业设施上所有人员的一般医疗诊治和急救，同时应具有健康保健、职业病预防的职能，主要工作职责包括：

1）医疗诊治。负责海上作业设施所有人员疾病的一般医疗诊断、治疗，并详细记录诊断、治疗结果和用药情况。诊断、治疗记录和用药记录应在现场保存至少三年；根据病情向海上设施负责人建议病人休息或返回陆地做进一步诊断治疗；按月统计、分析作业设施上人员疾病的情况、药品消耗情况、药品/耗材的存量等，并将统计分析结果上报作业设施负责人和安全监督人员。

2）急救。负责海上作业人员意外伤害、疾病的急救，指导传达，及时向海上设施负责人及医院有关部门如实报告伤员的病情；对于需转回陆地的危重患者或伤员，需与海上设施负责人及医院有关部门协调决定转运方式及转运地点，并详细记录伤病员的诊断和处理、用药情况；如有需要，须向海上设施负责人和陆地医疗机构建议派医护人员到海上设施监护伤病员返回陆地；应负责跟踪伤病员的治疗结果并向海上负责人汇报。

2. 人员能力

（1）人员资质要求。

1）施工人员要求。要有四小证、健康证，以及其他相应法规要求的特种作业证书和相应海域海上风电从业人员资质证书，做到持证上岗，并具有海上求生、救生能力，熟悉与安全、环境和健康有关的知识，熟悉项目组全面的、综合的安全健康程序的细节。

2）船员要求。具有相应等级船员资质证书，出海人员应熟悉海洋作业环境，必须满足年龄要求，身体健康，无高血压、心脏病、严重腰腿残疾及妨碍海上作业的其他疾病和生理缺陷。

（2）培训要求。所有海上施工参与人员应当接受安全培训，熟悉有关安全生产的规章制度和安全操作规程，具备必要的安全生产知识和海上作业基本安全知识，必须经过"海上求生""救生艇筏操作""平台消防"等科目的专门安全培训，取得海洋作业出海合格证。具有从事岗位所需的安全操作技能、专业知识及实践经验，了解事故应急处理措施，知悉自身在安全生产方面的权利和义务。未经安全培训合格的从业人员，不得上岗作业。

（3）制度管理要求。所有作业人员在出海前都应备个人防护用品（安全帽、安全工鞋或工靴、安全眼镜），必须持有海上救生培训或相关的证件；施工人员工作中应遵守岗位安全技术操作规程，做到文明施工，服从海上作业的统一指挥和紧急避难的统一指挥。

工作前应按规定穿戴好与作业相适应的防护用具，检查作业场地、施工机具及设备的完好情况，记录每次检查的日期、发现的问题、所采取的补救措施等；海上高处作业和舷外作业人员应系好安全带，传递工具、材料等不得抛扔；多层交叉作业应挂安全网；应注意各种安全标志，不应随便拆除或占用各种照明、信号等安全防护装置、安全标志和检测仪表等；执行交接班制度，工作结束应切断电源、气源，熄灭火种，清理现场；发生事故应及时抢救人员、财产，保护现场并向有关人员报告。

3. 信息保障

海上作业受天气影响极大，应提前做好气候变化的预测、时刻关注天气预报并准确报告天气情况。在预报大风（台风）、大雾、雷电、暴雨等恶劣天气到来前，大型吊装、起下管柱及水面作业应提前采取避让措施；当上述恶劣天气到来时，应按照应急计划执行；发生应急计划所涵盖的紧急情况时，应停止作业；当出现需要急救求助性作业时，由现场最高管理者请示上级决定，不具备请示条件的，由现场最高管理者根据具体情况决定。

完善的天气预报系统，要求有专业的气象人员实时地进行天气跟踪和预报。施工指挥人员应根据气象预报、水文信息资料做出指挥命令，并认真填写好指挥日志和应急安全指挥日志。完善的海上天气预报系统有利于减少海上事故的发生，降低海上作业的风险，提高人员安全。

6.1.6 施工现场潜在危险源及预防措施

1. 危害识别机制

危害识别方式：全员参与详细分析作业过程中可能对人员、设备、环境等造成的危害和影响。

危害识别范围：安装施工、潜水作业全过程。

参加危害识别的人员：项目经理、现场安全监督、全体施工人员。

2. 施工现场重大危险源

与人有关的重大危险源主要是人的不安全行为所致，即违章指挥、违章作业、违反劳动纪律。事故原因统计分析结果表明，70%以上的事故是由"三违"造成的。

其次，施工过程中的施工工艺、施工机械电气运行过程及物料本身存在重大的危险，主要包括：

（1）脚手架、支撑结构、起重设备、提升设备、搬运设备、大件施工结构件失稳等，造成设备的倾覆、结构的失效甚至人员伤亡事故。

（2）施工高层建筑或高度大于2m的作业面（包括高空、四口、五临边作业），因安全防护不到位或安全兜网内积存建筑垃圾、人员未配系安全带等原因，造成人员踏空、滑倒等高处坠落摔伤或坠落物体击打下方人员等事故。

（3）焊接、切割、钻孔、凿岩等施工时，由于绝缘失效漏电、接地不达标等造成火灾或者电器、设备海上塌陷等事故。

（4）工程材料、构件及设备的堆放与频繁吊运、搬运等过程中，因各种原因发生堆放散落、高空坠落、撞击人员等事故。

施工现场潜在事故危害及预防措施见表6-5。

表 6-5 施工现场潜在事故危害及预防措施

作业环节	潜在事故或危害	预防措施	实施负责人
整体检查	（1）起重用具在作业中断裂、破坏 （2）绑扎用具在作业中断裂 （3）电缆过载烧毁；人员触电 （4）设备移位造成设备损坏及人员伤害	（1）作业前进行完好性检查，挂扣时应仔细查阅配扣图，施工索具须由第三方认证 （2）作业前进行完好性检查 （3）作业前进行规格及绝缘性检查，携带备用电缆 （4）所有设备应根据计算结果与甲板固定牢固	项目负责人、安全监督人

作业环节	潜在事故或危害	预防措施	实施负责人
整体检查	（5）出现人员砸伤及人员坠落 （6）设备烧毁，人员触电 （7）人员溺水或伤害 （8）沟通不畅，发生意外 （9）产生火花，引起火灾 （10）设备无法正常运行，不能进行正常施工	（5）任何人员进入作业区必须穿工作服、工作鞋，戴安全帽，舷外作业要系安全带 （6）所有电器、电缆连接及敷设工作必须由船方电气工程师或在其指导下完成接线 （7）船甲板或码头作业必须穿救生衣 （8）施工期间主要人员须配备通信设备，并在上岗前仔细检查和调试 （9）在动火作业区域附近拜访灭火器（项目经理落实4个灭火器来源），除动火作业人员外还需要派专人进行监督 （10）施工前进行设备和仪器检查和调试	项目负责人、安全监督人
设备器材连接与调试	（1）设备搬运，管线连接时人员落水、跌倒 （2）擦伤 （3）人员不熟悉现场情况，不熟悉工作步骤，导致人员伤亡和财产损失	（1）手扶楼梯护舷，不抢不挤，按顺序上下，防止撞伤和砸伤 （2）进入施工场地，按要求穿戴好合格的劳保用品 （3）出海动员前，对全员岗位进行安全和技能培训，每次开工前，对所有施工人员进行技术交底，让所有施工人员清楚各自的岗位责任和潜在的风险，以及防护措施	项目负责人、潜水监督人、安全监督人
人员下船	（1）乘坐小船跌倒 （2）人员上下船过程中发生人员碰伤 （3）船舶上出现突发事故	（1）人员上下船，严禁"跳帮"登船，乘坐小船时，应严格遵守乘坐规定，严格限定载运人数，乘员按规定穿好工作救生衣、安全帽，均匀分布站在船舷外面周围，脸朝里面，双手抓紧船帮 （2）人员上下船时，应当待船停稳，施工人员远离靠泊区，由船舶工作人员操作接送，人员上下船时应仔细检查随身所带物品，并保证处在安全的环境中才能上下 （3）施工船舶方必须指派专人在甲板值班，随时处理、协调有关的问题；潜水作业期间，施工船舶必须关闭锁定推进器和各泵的进出口，防止潜水员被推进器绞伤和被泵的吸入口吸住；如施工船舶出现火灾或其他紧急事故，立即停止潜水作业，全体施工人员服从指挥，执行施工船舶方的安全应急程序	项目负责人、安全监督人

续表

作业环节	潜在事故或危害	预防措施	实施负责人
装船固定与海上运输	（1）设备或工具缺少和丢失 （2）散乱堆放造成吊装次数增加 （3）运输时易倾倒造成设备损坏和人员伤害，施工时因设备摆放不到位造成施工困难 （4）运输时船体摇晃造成装载物移动、相互碰撞，设备倾倒下海 （5）吊装坠物	（1）装船前再次对施工设备和工具进行清点，并出具设备和工具清单 （2）不同组件尽可能堆放在一起，吊装时有专人现场看护 （3）吊装前检查确认 （4）严格按施工设计图摆放，并对焊接固定处进行磁粉检验 （5）派专人负责配合吊机指挥进行设备摆放，设备固定须焊接可靠 （6）专人值班检查	项目负责人、安全监督人
舷外作业	人员落水	进行舷外作业，人员必须穿救生衣	项目负责人、安全监督人
吊装作业	物体打击、人员挤伤、机械损坏	（1）吊物下严禁站人 （2）吊装前进行试吊 （3）禁止吊装超过吊机载荷，吊装索具必须检查确认 （4）大型构件拉牵引绳 （5）吊装作业通过生活区时，必须撤离生活区内的人员	项目负责人、安全监督人

6.1.7　事故应急预案

1. 应急组织及职责

安全应急领导小组由公司总经理和各部门负责人组成，公司总经理为组长。

项目应急执行小组由项目经理任组长，项目副经理/安全监督任副组长，现场成员为抢险组，陆上人员为陆地应急小组。

（1）组长职责：所有施工现场应急操作的指挥，并与公司协调联系；负责组织调动本项目施工人员参加抢修、救援工作；对抢修、救灾的方式、方法做出快速应急决策；做出调动相关人员和相关设施设备、放弃相关设施设备的救援、停止施工作业进行疏散的决定。

（2）副组长职责：协助组长实施应急计划，做好消防、救生演习和安全工作；对应急工作中的问题提出改进措施；负责协调各抢险小组的抢险工作，发挥快速反应能力；协调应急演习工作；组织抢险小分队实施抢险工作；科学合理地制定应急反应物资器材使用计划；现场伤员的初步救护；对抢险的方式、方法进行监督、管理和指导；负责收集应急实施过程中的资料，组织编写有关报告。

（3）抢险组职责：组织实施抢险行动方案；对现场遇险人员组织搜寻；初级火灾的扑救；配合、协调外部救援力量的抢险行动；及时向指挥部报告抢险进展情况；对事故现场进行警戒隔离，维护现场秩序，保持现场应急救援通道的畅通。

（4）陆地应急小组职责：负责组织调动陆地人员参加抢险、救援工作；配合、协调有关外部救援力量的抢险行动；组织车辆，负责人员运输；及时向指挥部报告抢险进展情况。

2. 应急响应程序

当紧急事态出现时，应首先及时向项目经理报告，并根据现场情况确定报告范围。

（1）**应急上报。** 当紧急事态出现且超出现场人员控制能力时，应第一时间向项目经理报告，施工现场负责人通过评估，决定是否立即向公司总部报告。当紧急事态出现而没有超出项目组处理能力时，仅在施工现场范围内报警；当紧急事态超出项目组处理能力时，应在现场报警的同时向公司报告。

（2）**内部应急报警。** 当紧急事态出现时，由项目组确定报警方式，并向施工现场发出应急反应警报，用对讲机通知项目组有关人员以及事故现场的全体人员进入应急反应状态。

（3）**外部应急报警。** 当紧急事态超出项目组处理能力时，在内部报警的同时，应及时通过公司应急救援总指挥向社会公共救援组织报警求助，包括海上搜救中心、消防部门、环保部门、安全监察部门、医院、政府相关部门及救援物资的供应商等。

（4）**上级汇报。** 当工程项目发生的事态演变为重大事故时，应依照程序立即通过公司总指挥向上级相关主管部门汇报，包括企业主管部门和企业所在地建设主管部门、安全监督部门、劳动部门、公安部门、人民检察院、地方工会等。

3. 应急预案和演练

各公司应按照施工涉及事故灾害的种类，制定相应的应急预案，并在所在地安全生产监督管理部门备案。同时组织开展应急救援队伍的培训工作，邀请应急救援专家进行指导，提高员工的自救互救能力。利用各种宣传方式向公众和员工说明作业的危险性及发生事故可能造成的危害，广泛宣传突发事件应急管理的法律、法规和事故预防、避险、避灾、自救、互救的常识。联系有关机构对员工开展自救互救宣传和专项培训，提高职工急救处理水平。对各类预案要分层、分类地进行宣贯。

应急预案应建立定期评审制度，根据评审结果和实际情况进行修订和完善。应急预案应当每三年至少修订一次，预案修订结果应详细记录。各公司应定期组织进行应急救援演练，三年内完成所有制定的应急预案的演练工作。演练前要编制演练方案、精心组织、周密安排，演练结束后要进行评估总结，并保留应急演练相关记录。

4. 大风应急预案

（1）六级风应急措施：现场施工过程中，遭遇六级风，浪高1.5m以下时，船舶可在现场继续进行作业；当浪高1.5m以上时，船舶进行现场抗风。

（2）七级风应急措施：现场风力达到七级风时，船舶停止作业，令迎风锚带力，其他锚放松，进行现场抗风。

（3）八级及以上大风应急措施：根据天气预报现场风力达到八级风及以上时，提前30h起锚，前往锚地避风。

5. 台风应急预案

台风是我国的海上风电项目必须面对的首要问题。为了能够迅速、高效、有序地做好热带气旋或台风的应急处置工作，把热带气旋或台风对船舶及作业人员造成的危害减小到最低限度，特制定本方案。

（1）现场各岗位职责。

1）项目经理：担任船舶应急小组组长，随时掌握天气预报及台风移动情况，召开施工现场应急小组会议，研究并落实具体应急措施；向应急办公室报告施工现场气象、海况以及施工人员名单，并保持联系；全面负责船舶撤离时的指挥；情况危急时，指令报务员通过电台设备发出报警信号（如可能）、遇险呼叫、遇险报告，下达弃船命令；记录事件经过。

2）安全监督人员：担任船舶应急小组副组长；协助项目经理研究、落实具体应急措施；确保不间断地监视天气及台风变化；指示通信员保证通信畅通；记录事件经过。

3）船长：协助项目经理做好防台风工作；撤离前组织关停动力设备；关闭通海阀门、风门等工作。

4）轮机长：协助项目经理做好防台风工作；撤离前组织关停动力设备；关闭通海阀

门、风门等工作。

5）水手长：确保压载系统水密性完整，关闭通海阀门、风门、水密门、舱盖等；确保船舶在防台风稳性方面满足要求；有直升机时，做好接送飞机工作；组织固定可移动货物。

6）现场医生：确认伤病员状况，进行抢救治疗；确认是否需要医疗援助和伤病员是否撤离。

7）通信员：根据抢救领导小组组长的指令，立即用平台广播向全体人员通报险情，传达施救命令；通知守护船待命或施救；负责信息的传递与接收；有直升机时，准确报告天气情况，保持与直升机的通信联系；做好记录。

8）全体人员：根据统一部署，积极参加物品固定和水密检查工作；一旦决定撤离，不要慌乱，按部署有秩序地撤离。

（2）防台风应急程序。应不断监听气象情况和天气预报，当台风移动方向直接对着作业现场方向而来时，通常船舶的防台程序应按下列顺序进行。

第一阶段——当台风中心离船舶540海里以外时：

1）在维持正常作业的情况下，开始防台风的准备工作，检查救生设施设备，使之处于随时可用状态。

2）在不影响正常作业的前提下，整理、加固甲板上松散设备及器材。

3）船舶应急领导小组与甲方现场代表共同拟定船舶撤离计划，并向公司应急办公室报告。

4）与甲方协调，安排守护船在附近待命值守。

第二阶段——当台风中心距离船舶作业区540海里区域内时，施工船舶立即起锚，准备撤离施工现场。同时，时刻监控台风移动轨迹，加强船舶甲板值班巡逻，确保撤离安全。

（3）应急处理。船舶在航行中发现船员受到严重伤害事故或船员突发疾病时，应做到及时进行抢救并立即电告公司，要求驶往就近港口送岸治疗或请岸上尽快前来接送伤病员；稳定伤员情绪，并按海上急救知识或对照训练手册进行初步急救；岸上医生根据伤病情况通过无线电话具体指导应急护理；公司指令绕航就近港口或请求港口主管机关派快艇或直升机急救。

船上发生传染病必须隔离患者，对患者使用的场所、衣服、用具及用品消毒，并将发现的经过和采取的措施记录在案。

如果在港口发生船员伤害事故和突发疾病，应立即采取紧急措施，尽快与项目经理联系，转报港口主管机关医院抢救。

6. 人员落水应急预案

海上风电场施工安装作业过程中，存在人员落水、溺水的风险，同时在进行紧急撤离期间/正常作业期间也易发生意外落水情况。一旦发生人员落水事故，将导致潜在的人员溺水或碰撞设施、低温等人员伤亡事故。

（1）人员落水报告程序。发生人员落水事故时，作业面负责人必须立即组织对落水人员进行抢救，并汇报项目经理/项目安全员。

项目经理/项目安全员接到事故报告后，根据现场实际情况指导进行救援。

若事态紧急，项目经理立即联系船舶/直升机运送落水人员，并协调医疗机构在码头/机场接应。

现场应急小组应对险情进行判定并指挥救援，若险情扩大，上报上级公司。

发现人或作业面负责人应时刻关注事故状态及救援进度，按紧急情况定期进行汇报。

附近船舶接到事故信息后，应立即赶往事故地点协助救援。

（2）应急响应措施。

1）发现人：应高喊"有人落水"，引起其他人员注意，持续呼喊直至救援人员到达；在就近水域上风向抛放救生圈或释放救生筏，注意不要打到落水人员；持续观察落水人员，除非有其他突发情况不要离开或停止观察落水人员情况，保持落水人员在自己的视线观察范围；立即报告作业面负责人或项目经理，汇报内容包括人员落水位置、人员落水数量、姓名（若知道）、落水时间、漂浮方向等；始终注视落水人员。

2）作业负责人：应立即告知附近作业方已发生的人员落水事故情况；呼叫交通船到事发地，寻找落水人员；确认落水人员人数及姓名，如落水人员身份不明，则协助查明落水人员身份；协调人员在落水人员转移地点安排担架、毛毯和急救设备；确定伤病员状况，对其进行抢救治疗和护理；和陆地保持联系，随时报告现场伤病情况，寻求医疗技术支持；听从项目经理/业主指令执行相应的应急程序。

3）项目经理/安全员：指挥现场进行应急救援；提供现场搜救安全技术支持；随时向应急指挥中心报告落水人员情况及搜救情况；协调应急资源对落水人员施救；必要时联系直升机，保持与直升机的通信联络，确认直升机起飞及到达时间；严重时联络地方医疗救助单位提供现场医疗救助指导，并协调医务人员在码头/机场待命。

4）其他人员：协助进行人员打捞和救助。

7. 船舶事故应急预案

海上交通船舶航行过程中，可能由于海况的变化、操作失误、往来船只、人员行为、自然条件变化等原因，发生人员落水/淹溺、船舶走锚漂移、碰撞、翻沉、油污染、船舶火灾、机损事故、构筑物损坏、自然灾害等事故。本部分只针对船舶碰撞（结构破坏、进水）、搁浅应急预案进行介绍。

一旦现场发生船舶碰撞、搁浅事故，发现人必须首先以有效手段立即报告船长或驾驶室。船长立即通过VHF16或者其他通信方式向船舶调度报告事故发生的时间、地点、碰撞/搁浅部位、受损程度、已采取的自救措施及救助要求、气象海况等有关情况。若发生漏水，船长应立即发出堵漏警报。船舶项目成员将事故情况向项目经理/安全员汇报，并参与应急处置。现场应急措施和人员职责分工如下：

（1）船长。

1）发现船舶结构损坏时，船长首先应采取变向、变速、停车等措施，以减少损坏的进一步扩大。

2）根据海区情况，采取滞航、抛锚等措施以策安全。

3）派人对碰撞位置进行检查监测，查清损坏程度；指派人员检查和关闭水密设施。

4）向应急指挥汇报结构损坏程度，参与制定抢修方案。

5）如发生进水，组织进行堵漏。

6）结构损坏严重或因碰撞导致进水严重时，应立即清点人数，组织进行弃船。

7）如因低潮位导致船舶搁浅，船长应进行停车，清点船舶人数、备好物资进行全员集中待命。

（2）船舶调度。

1）船舶调度接到船长汇报后，根据情况，立即报告船舶所在区域海事处并派员前往查看，指导船舶开展自救措施。通知附近其他船舶赶赴现场协助救助，准备堵漏、防污等器材，提供现场风力、流速、潮差等资料。

2）安排交通船将非应急人员/受伤人员撤离至安全地点，要求遇险船舶做好弃船准备并进行守护。

3）结构损坏严重或因碰撞导致消防、弃船、进水、污染等情况时，立即联络地方海事及搜救中心。

（3）现场应急救援人员。

1）测定船位，监测气象海况、潮汐，做好各项记录。

2）查找损坏部位和程度，协助船长制定抢修/脱险方案。

3）备妥堵漏器材和拖缆，关闭水密门和隔舱等，使进水舱与其他舱室隔离，考虑临近舱壁强度，必要时予以加固。同时进行机舱排水、堵漏。

4）如发生进水，启动水泵（包括便携式水泵）排水，并根据情况注入、排出和驳移压载水，保持船体平衡。

5）定时量水（并不断观察和记录艏、艉吃水）和干舷高度变化，估计水量和排水量之差，判断险情的发展和大量进水对船舶稳性及浮力的影响。

6）检查船舶设备、电气和应急电源，按指令增设临时照明。

7）如发生人员受伤，进行伤员抢救。

8）如碰撞情况严重，扬出救生艇/筏待命，做好弃船准备。

在事故发生后，所有人员必须确保自身安全，穿戴合适的个人劳动保护用品，例如救生衣等。

事故处理完毕后，组织事故调查、检查、通航等。

6.1.8 事故报告、调查和处理

海上施工作业安全事故主要是指发生人员落水、伤残、失踪、死亡及仪器设备、样品与实验资料、数据损坏、丢失等情况。

1. 事故报告

发生海上作业事故时，事故现场有关人员应立即报告本单位负责人，启动应急处置预案，防止事故扩大，减少人员伤亡和财产损失，并按照国家有关规定，如实向有关部门报告事故情况；发生人身伤亡、财产损失等、特大事故，须立即向就近港口的海事机构报告，并在24h内以书面形式上报事故情况报告。

发生安全事故后，公司、项目立即组织抢救伤员，采取有效措施防止事故扩大和保护事故现场，做好善后工作。

事故发生后，事故现场有关人员应当立即向本单位负责人报告；单位负责人接到报告后，应当于1h内向事故发生地县级以上人民政府安全生产监督管理部门和负有安全生产监督管理职责的有关部门报告。

情况紧急时，事故现场有关人员可以直接向事故发生地县级以上人民政府安全生产监督管理部门和负有安全生产监督管理职责的有关部门报告。

事故报告应当及时、准确、完整，任何单位和个人对事故不得迟报、漏报、谎报或者瞒报。急性中毒、中暑事故，同时报告当地公安部门。易爆物品爆炸和火灾事故，同时报告当地公安局部门。员工受伤后，轻伤的送工地现场医务室医治，重伤、中毒的送医院救治。因伤势过重抢救无效死亡的，应在8h内通知劳动行政部门处理。

2. 事故调查

事故调查、处理的主导部门负责指定生产、技术和安全等有关人员以及工会成员组建事故调查组开展调查。调查组有权向事故发生单位及有关部门调查了解事故有关情况，索取有关资料，任何部门和个人不得拒绝、隐瞒、虚报或拖延不报，不得毁灭证据，不得以任何方式阻碍或干扰调查组工作。

事故调查必须具备的内容包括：查明事故发生的经过、原因、人员伤亡情况、查明事故的经济损失包括直接经济损失（人员伤亡所支出的费用；善后处理费用；财产损失价值）和间接经济损失、认定事故的性质和事故责任、提出对事故责任者的处理建议、总结事故教训、提出事故防范措施和整改意见，最终提交事故调查报告。

3. 事故处理

事故处理所遵循的原则：实事求是、尊重科学；公开、公正；分级管辖；"四不放过"的原则。"四不放过"即事故原因分析不清不放过，事故责任者和群众没有受到教育不放过，没有防范措施不放过，有关责任者没有受到处理不放过。

6.2 海上风电项目风险控制建议

海上风电产业经历了四十余年的发展，目前在行业内已形成了较为成熟的技术经验。而我国海上风电产业的发展，也已经从最初的机组、设计、基础施工和设备吊装以及与运行维护等主要技术环节的试验性项目实施研究，发展到示范性工程建设运行，进而发展到如今的规模化商业化开发阶段。特别是近几年来，在全世界范围内的海上风电"抢装潮"的推动和国家政策的大力支持下，我国海上风电总装机容量已跃居世界首位，积累了一定的开发建设、运行维护和行业管理的基本经验，完善了行业管理的体制机制。但在行业飞速发展的同时，层出不穷的安全风险也充分暴露了在行业管理、政策体系、标准规范、技术能力、产业配套等诸多方面仍然存在较多的完善与进步空间。

1. 行业风险管理体系有待进一步完善

海上风电项目的风险防范工作，需要项目各个利益相关方协同起来，从自身和项目整体利益出发，共同实施有效、全面的风险管理工作，形成全生命周期风险管控、风险信息共享与传递、风险多方协同与联动等保障机制。

在"抢装潮"的影响下，部分建设单位存在盲目追赶项目工期，从而制定不合理的进度计划，甚至以牺牲项目工程质量为代价，导致工程质量或人员设备安全事故的发生，从项目全生命周期角度来看，这些行为的风险势必会转移至项目后期的运营阶段，并很可能导致更为严重的后果。另外，海上风电项目各阶段的风险管理通常涉及不同的主体，各参与主体都承担了一部分的风险管理责任，但往往仅从自身利益考虑风险管理的范围，缺乏全局角度的考量。因此，风险管理责任的不连贯性、不全面性是目前海上风电项目建设运营中存在的较大问题，有必要构建海上风电项目全生命周期的风险管控机制。建设、施工、政府、勘察设计、供应商、监理等单位应共同构成海上风电项目的风险管控体系，分别在项目的投资决策、风资源评估、风电场选址、风电场设计、招投标、海上施工、工程验收和风电场运营等阶段全面开展风险管理工作，除了对自己职责范围内的工作进行风险管控，还需重点关注不同工作阶段之间的衔接和不同单位主体之间的协作，对可能由其他利益相关方转移而来的风险因素进行识别和应对，从而构建海上风电项目全生命周期的风险管控机制。

海上风电项目各利益相关方在开展风险管理工作时，都需要掌握一定的信息作为决策依据，建立海上风电项目各利益相关方之间的风险信息共享与传递机制是控制项目整体风险的有效方法。各利益相关方不仅须在内部建立项目风险信息共享和传递的渠道，还要加强各利益相关方之间的信息沟通与共享，创建信息共享平台，并制定一定的激励措施，鼓励各参与方主动分享可能与风险管理相关的项目信息，以便其他参与方依据相关信息提前做好风险识别与应对准备。

海上风电项目各利益相关方之间存在影响关系，各利益相关方协同联动起来，共同对海上风电项目风险进行管控，才能最大程度地保障项目成功。虽然各利益相关方在海上风电项目中的参与阶段、参与时间和担任的角色不同，但对于风险的管理应贯穿于项目的各个环节，且对风险的态度和行动应形成统一的原则，才能保证项目整体的风险可控，保障项目实现预期目标。各利益相关方应加强沟通对接、相互合作、相互监督，形成风险共担，风险协同管控的合作关系。

2. 行业技术标准体系有待进一步健全

通过近几年的发展，我国海上风电产业已经初步形成了涵盖规划、资源测量评估、水文观测、工程设计、施工等主要环节，具备行业整体指导作用的规范体系，但仍缺乏更具有针对性的规范标准，海上风电标准体系还处于需不断补充完善的阶段。

海上风电项目建设的关键技术环节，尤其是深远海风电项目建设，仍处于技术探索和总结提高阶段，如海上风电机组的监测论证标准、海床演变监测、运行信息监测等，需对海上风电项目建设运行的各个技术环节建立更为详细，对实际作业活动更具有针对性、指导性的行业标准与规范。此外，适合海上风电的通航安全、海域使用评价规范体系，以及风电场达到运行寿命后针对海上风电场拆除的相关技术规范要求也有待进一步补充完善。

海上风电建设、运维设备方面，也须结合海上风电场开发与设备特点，进一步健全相关船舶技术标准、检验规范等行业标准与规范，用于指导风电场建设、运营单位和船舶经营单位建造使用符合法定检验技术规则的专业船舶及设备，从船舶建造质量上落实本质安全。

3. 推进智能化设备投入海上风电建设

我国海上风电领域与欧美发达国家相比起步较晚，在海上施工、风机设备、施工组织等方面的技术经验和水平存在一定差距，需积极引进和借鉴国外成功的海上风电开发建设经验，减少可能存在的风险。同时大力推动我国风电产业技术的开发创新，结合国外成熟技术与科技发展成果，根据我国海上风电未来的发展目标与发展战略，不断研发出适合中国海域发展的海上风电技术与海上风电建设智能化设备。

随着海上风电场建设逐渐朝着深远海发展，海上风电设备需要面对更为复杂的建设和运维环境。为实现海上风电的可持续发展，应充分利用物联网、大数据等先进信息技术，建立智能风险预警系统，对海上风电场中的设备及作业人员进行有效监控，提高信息的时效性、可达性、准确性，实现气象数据实时更新、预报，风电设备施工与运维的状态实时监测，建设运维船舶及风电场附近过往船只动态实时监控，作业人员作业状态实时监控，实现远程无纸化、标准化巡检，及时优化建设运维方案、研判风险，提高现场工作和风电场建设运行的安全指数。同时，应在海上升压站、风机内加装通信基站，配置网络、卫星电话等通信设备，保证通信畅通，为海上作业的安全监督、应急通信提供有力保障。

4. 提升配套产业服务体系

近年来，海上风电"抢装潮"给行业带来了极大的发展机遇，同时也对其配套产业服务体系造成了一定挑战，主要体现在建设、运维设备紧缺和专业技术人才紧缺两方面。

短期内，建设、运维设备短缺将制约我国海上风电的发展。目前，国内能够开展海上风电机组安装的施工船舶不超过50艘，远远无法满足需求，而其中专为海上风电建设而设计建造的施工船舶数量更少，大多数施工船舶由其他船舶改装而来，在繁重的"抢装"任务下，存在一定的安全隐患；而由于专业施工船舶的紧缺，为提高作业效率，容易出现为了"抢装"不顾安全风险，冒险作业的情况。随着海上风电项目以百万千瓦级容量集中开发，经过"抢装"后产能充足、技术进步、质量提升等多重因素叠加后，海上风电装机容量会逐步提高，项目开发将趋于理性，未来应根据海上风电产业发展趋势，提前筹划建造新船型，或对现有船舶进行合理可靠的升级改造，从而满足未来8～10MW级风电机组的施工要求。随着越来越多的海上风电场投入运营，对海上风电运维船的数量及作业能力也提出了更高的要求，未来应着力提升运维船的风险解决水平，保障运维船舶的专业能力与安全系数，依据海上风电场所处的环境，设计建造专业的运维船舶，配备专业检修风电机组的机器设备，并提升监管力度，定期开展查验检修，确保运维船舶的安全性。

除施工设备短缺外，海上风电产业专业技术人才也相对缺乏，难以满足当前海上风电大规模发展的市场需求。应着力培养建立一批针对海上风电场设计、施工、运维的专业作业队伍，建立完善的培养考核体系，加强从业人员准入资质管理。同时，应不断提高作业人员的安全意识与自救能力，开展充分的安全培训教育，加强海上安全救援培训，提升安全防范意识，并且应根据作业人员从事的技术专业、安全性操作技能开展细化的有针对性的培训教育，并对学习培训结果进行考评，切实提升作业人员安全意识、专业技能与应对风险的能力。

参考文献

[1] 毕亚雄，赵生校，孙强，等.海上风电发展研究 [M].北京：中国水利水电出版社，2017.

[2] 邱颖宁，李晔，等.海上风电场开发概述 [M].北京：中国电力出版社，2018.

[3] 于永纯，等.海上风电场项目管理 [M].北京：中国电力出版社，2018.

[4] 陈小海，张新刚，等.海上风电场施工建设 [M].北京：中国电力出版社，2018.

[5] 冯延晖，陈小海，等.海上风电场经济性与风险评估 [M].北京：中国电力出版社，2018.

[6] 吴佳梁，李成锋.海上风力发电机组设计 [M].北京：化学工业出版社，2011.

[7] 翟恩地，等.海上风电场工程建设 [M].北京：中国电力出版社，2021.

[8] 翟恩地，等.海上风电场经济性评价及风险评估 [M].北京：中国电力出版社，2021.

[9] 冯志伟.利益相关者视角下YJ海上风电项目风险因素研究 [D].北京：北京交通大学，2020.

[10] 刘子健.基于FMEA和FTA的浮式风机可靠性研究 [D].哈尔滨：哈尔滨工程大学，2020.

[11] 钟飞.海上风电工程项目风险管理研究 [D].北京：华北电力大学，2019.

[12] 于自强.海上风电建设项目的风险管理研究 [D].北京：北京邮电大学，2020.

[13] 吴飞.海上风电开发风险研究 [D].北京：清华大学，2011.

[14] 李烨.海上风电项目的经济性和风险评价研究 [D].北京：华北电力大学，2014.

[15] 杜肖洁.海上风电项目风险分析研究 [D].青岛：中国海洋大学，2014.

[16] 张雪娜.海上风电项目风险管理信息系统研究 [D].大连：大连理工大学，2017.

[17] 谢珍珍.海上风电项目运行期风险评价研究 [D].大连：大连理工大学，2013.

[18] 穆兴隆.海上风力发电项目工程风险管理研究 [D].北京：北京交通大学，2019.